KLARTEXT

Bildnachweis:
Mirko Krüger S. 7, 8/9, 14/15, 22/23, 25, 28, 37, 39, 43, 58/59, 68, 70, 71, 73, 78, 80, 84/85, 94, 95, 113; Deutsche Post der DDR / Ernst Rudolf Vogenauer S. 11; © SLUB / Deutsche Fotothek / Peter, Richard sen. S. 16/17; © SLUB / Deutsche Fotothek / Bunge, Roland S. 74/75; Friedrich Otto Bernstein / Stiftung Automobile Welt Eisenach S. 21; Volkswagen Aktiengesellschaft S. 27; VEB Sachsenring Automobilwerke S. 31; Imago: /IPON S. 4/5; /United Archives International S. 45, 101, 102, 104; /IlluPics S. 49; /HärtelPRESS S. 62; /alimdi S. 87; /vienaslide S. 90; Dokumentensammlung des August Horch Museum Zwickau gGmbH S. 52/53; Autostadt GmbH / Ralph Kremlitschka S. 55; Michael Möbius S. 64; Mario Budach S. 76/77, 79; Funke Foto Services: /Roland Obst S. 82; /Sascha Fromm S. 93; /Marco Kneise S. 109; Deutsche Post der DDR: /Gerhard Stauf S. 89 l.; /Hans Detlefsen S. 89 r.; /Joachim Rieß S. 88; Christian Schütte S. 96, 99; picture alliance/dpa/Hendrik Schmidt S. 97; Margrit Krüger S. 106/107; Martina Baumgarten S. 110

Bibliografische Information der Deutschen Nationalbibliothek
Die Deutsche Nationalbibliothek verzeichnet diese Publikation in der Deutschen Nationalbibliografie; detaillierte bibliografische Daten sind im Internet über portal.dnb.de abrufbar.

Impressum
1. Auflage März 2022
Layout und Satz: Achim Nöllenheidt
Umschlaggestaltung: Guido Klütsch, Köln
Umschlagabbildungen: Mirko Krüger, Imago/United Archives, Christian Schütte, Funke Foto Services/Marco Kneise
Druck und Bindung: Linsen Druckcenter GmbH, Siemensstraße 12–14, 47533 Kleve

ISBN 978-3-8375-2459-8

Jakob Funke Medien Beteiligungs GmbH & Co. KG
Jakob-Funke-Platz 1, 45127 Essen
info.klartext@funkemedien.de
www.klartext-verlag.de

Mirko Krüger & Christian Schütte

Trabi

**Populäre Irrtümer
und andere Wahrheiten**

Inhalt

www.lake-oner.de
©Lake

Zum Geleit

Räng teng teng! Das typische Geknatter eines Trabi-Motors klingt nicht nur für Oldtimerfreunde wie Musik in ihren Ohren. Millionen Menschen erinnert es daran, dass sie dieser Kleinwagen treu und brav durch den Alltag begleitet hat.

Tatsächlich war der Trabant nicht einfach nur ein Pkw; er war immer auch ein Politikum. Dass der Kleinwagen eine Karosserie aus Kunststoff statt aus Blech besaß, gehörte zu den Folgen des Kalten Kriegs. So einfallsreich diese Notlösung auch gewesen sein mag: Fortan verhinderten die Machthaber der DDR jede innovative Weiterentwicklung des Trabis.

Trotzdem – oder vielleicht gerade deshalb – fuhr der Trabant vorweg, als die Mauer fiel. Aus dem ostdeutschen Einheitsauto wurde das Auto der deutschen Einheit. Doch all die Euphorie half nicht, die Marke zu retten. 1991 rollte der letzte Wagen vom Band. Exakt 3.096.099 Trabis waren produziert worden. Es dauerte nicht allzu lange, und ihre Besitzer rangierten sie massenhaft aus.

Mittlerweile entdecken die Deutschen den Trabi wieder. Das zeigt sich nicht zuletzt in der offiziellen Statistik des Kraftfahrtbundesamts: Seit 2014 steigt die Zahl der für den Verkehr zugelassenen Trabis kontinuierlich. Die meisten dieser vormals ausgemusterten Fahrzeuge werden nicht einfach reanimiert, sondern liebevoll restauriert.

Der Trabant hat viele Spitznamen, allen voran Pappe. Doch wer meint, dass er auch aus Pappe besteht, irrt. Dieses Buch erzählt von populären Irrtümern und anderen Wahrheiten. Was verbindet den Trabi mit dem weltersten Satelliten? Stimmt es, dass das Design des VW Golf von einer Trabi-Studie inspiriert war? Und warum waren in der DDR gebrauchte Trabis oft teurer als Neuwagen?

Der Trabi legt in den offiziellen Zulassungszahlen seit Jahren einen Zahn zu. Nur die Zahl der Zähne seines Getriebes bleibt konstant. Im ersten Gang sind es 30 und 49.

Der Trabant in 10 Zahlen

3.096.099 Trabis wurden zwischen 1957 und 1991 gebaut.

2.818.547 dieser Trabis gehörten zur Baureihe „601". Vom „P 50" gab es 131.450 Fahrzeuge, vom „600" immerhin 106.628 sowie vom „1.1" exakt 39.474.

85 Lieferwagen auf Basis des „600" entstanden von 1963 bis 1965. Diese Karosserieversion ist die seltenste der Trabant-Ära.

2.206.300 Trabant waren im Jahr 1990 in der DDR zugelassen. Damit machten die Trabis mehr als die Hälfte des gesamten Pkw-Bestandes aus.

13,9 Jahre betrug das Durchschnittsalter der im Jahr 1990 fahrbereiten Personenkraftwagen in der DDR.

39.587 Trabant waren zum Stichtag 1. Oktober 2021 in Deutschland für den Kraftverkehr zugelassen. Obwohl seit 30 Jahren keine Neu-

wagen mehr produziert werden, steigen die Zulassungszahlen seit 2014 kontinuierlich an. Der Zuwachs erklärt sich allein dadurch, dass zwischenzeitlich stillgelegte Fahrzeuge wieder vermehrt in den Verkehr gebracht werden.

6.904 Trabis befanden sich zu Jahresbeginn 2021 im Besitz von Frauen, also nahezu jeder fünfte. Das geht aus Daten des Kraftfahrtbundesamtes hervor. Die Mehrzahl der Trabants gehört demnach Personen im Alter zwischen 30 und 59 Jahren.

81 Prozent aller zugelassenen Trabis sind in den fünf ostdeutschen Ländern und in Berlin registriert. Spitzenreiter ist das Bundesland Sachsen, das fast ein Viertel des gesamten Bestandes verzeichnet.

2 Zylinder, 2 Takte, 2 Freunde fürs Leben – das ist zur Maxime vieler Trabi-Fans geworden.

41 Trabant waren zu Jahresbeginn 2021 offiziell auf Autovermieter angemeldet.

Wie der Trabant zu seinem Namen kam

Lediglich 96 Minuten benötigte Sputnik 1, um die Erde zu umrunden. In der gleichen Zeit schafft es der Trabant nicht mal von Zwickau bis Berlin. Dennoch verbindet das Auto sehr viel mit dem weltersten Satelliten.

In den 1950er Jahren lieferten sich die USA und die Sowjetunion ein prestigeträchtiges Duell: Wer gewinnt das Wettrennen ins Weltall? Am 4. Oktober 1957 stand der Sieger fest. Um 19.28 Uhr startete im kasachischen Baikonur der erste von Menschen geschaffene Himmelskörper. Sputnik 1 löste im sozialistischen Lager eine unglaubliche Begeisterung aus, während der Westen einen regelrechten Sputnik-Schock durchlebte. Schlagartig war klar geworden, dass der vermeintlich rückständige Ostblock zu wissenschaftlichen und technologischen Höchstleistungen fähig war.

In der DDR überschnitt sich der Start des Sputniks mit der Suche nach dem Namen für einen geplanten, neuen Kleinwagen. Bereits 1956 hatte die Betriebszeitung *Die Zündkerze* alle Beschäftigten des Zwickauer Automobilwerks um Vorschläge gebeten. Als ein Jahr später, am 7. November 1957, die Nullserie anlief, gab die Zeitung den neuen Namen öffentlich bekannt: Trabant. Diese Bezeichnung stammte von Herbert Mothes, er war Grafiker in der Werbeabteilung des Werks. Er hatte sich vom Sputnik-Start inspirieren lassen. Wörtlich ins Deutsche übersetzt steht das russische Sputnik für Begleiter beziehungsweise für Trabant. In ihrem Bericht sagte *Die Zündkerze* dem kleinen Auto eine große Zukunft voraus: „Für alle, die ihn einmal fahren werden, wird er ein treuer Begleiter auf den Straßen unserer Republik und unserer Exportländer sein … Durch Beschluß des Rates der gegenseitigen Wirtschaftshilfe ist unser Werk bestimmt worden, mit der Produktion des Trabant die Versorgung der Bevölkerung der sozialistischen Länder in der Klasse der Kleinwagen sicherzustellen."

Ihren Artikel hatte *Die Zündkerze* mit einem Foto der Karosserie des ersten Nullserien-Trabants illustriert. Später wurde dieses Auto weinrot lackiert. Ganz anders der Sputnik. Die Konstrukteure hatten dessen Aluminiumhülle blank poliert wie einen Spiegel.

Nach drei Monaten trat Sputnik 1 wieder in die erdnahe Atmosphäre ein und verglühte. Bis dahin hatte der künstliche Erdtrabant rund 60 Millionen Kilometer zurückgelegt. Ob jemals ein Trabi diese Fahrleistung erreichen wird? Angenommen, ein Trabant würde Tag für Tag genau 1000 Kilometer zurücklegen, wäre er bis zum Erreichen von 60.000.000 mehr als 164 Jahre unterwegs.

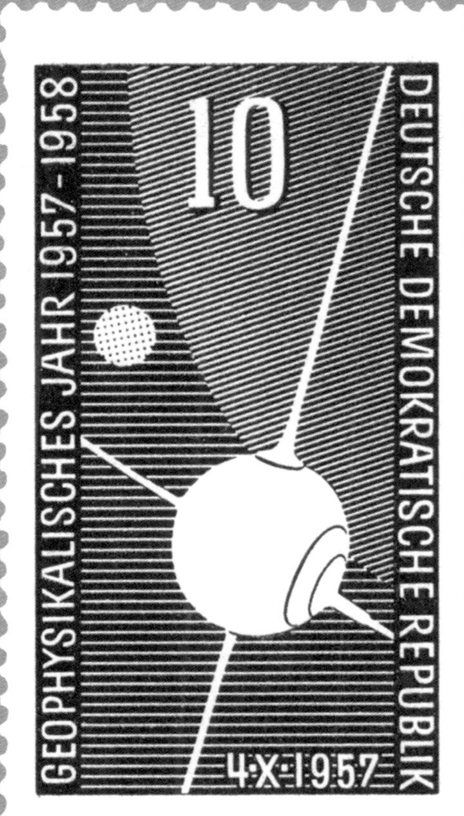

Eine Kugel nebst vier Antennen – Sputnik 1 sah zwar recht unspektakulär aus, war aber eine Meisterleistung. Bereits 33 Tage nach dem Start gab die Deutsche Post der DDR diese Sonderbriefmarke heraus. Im Falle des Trabants sollten dagegen volle drei Jahre vergehen, ehe er auf einer Briefmarke zu sehen war.

Kleiner Wagen, große Pläne

Am 14. Januar 1954 beschloss die Regierung der DDR den Bau eines Kleinwagens, des späteren Trabis. Westdeutsche Automobilhersteller hätten sich nie und nimmer vorschreiben lassen, welche Pkw sie zu fertigen haben. In der DDR entsprach der Beschluss dagegen dem politischen Selbstverständnis. Das bedeutet aber keineswegs, dass alles nach Plan verlief. Noch dazu nahm sich der für den Trabi zuständige Minister das Leben.

Die Geschichte des Trabis verlangt danach, von Anbeginn an erzählt zu werden. Doch wo soll man beginnen? Mit der Nullserie im Jahre 1957? Mit dem Beschluss von 1954? Oder vielleicht doch noch einige Jahre früher – mit dem Ende des Zweiten Weltkriegs? Damals stand Deutschland vor einem Trümmerfeld nie erlebten Ausmaßes. Zahlreiche Städte waren ebenso zerstört worden wie Verkehrswege und Industriebetriebe. Noch dazu bauten die Alliierten erhalten gebliebene Industrieanlagen ab, um sie als Reparationsleistung in ihre eigenen Länder zu transportieren. Betroffen waren auch die sächsischen Automobilbaustandorte. Während die Demontagen in den drei westlichen Besatzungszonen nach wenigen Monaten eingestellt wurden, schritten sie in der Sowjetzone weiterhin im großen Stil voran. Das änderte sich erst 1947. Nun setzte die Sowjetunion darauf, dass Entschädigungsleistungen aus der laufenden Produktion bestritten werden.

In jenes Jahr fiel zugleich die Gründung der Deutschen Wirtschaftskommission. Der Name täuscht insofern, da es sich allein um eine ostdeutsche Kommission handelte. Sie war für die Umsetzung der sogenannten Planwirtschaft in der Sowjetzone verantwortlich. Die damit verbundene Idee steht konträr zu Marktwirtschaft. Statt auf die Selbstregulation des Marktes zu vertrauen, wird die Industrie zentral gesteuert – von der Ermittlung des Bedarfs über die Entwicklung und Produktion bis hin zum

Absatz. Das Konzept klang in der Nachkriegszeit vielversprechend, stieß aber schon bald an seine Grenzen. Die Vorgaben zeitigten nicht nur eine unglaubliche Bürokratie, sondern hemmten zugleich Innovationen. Gerade im Automobilbau bewahrheitete sich dies schmerzlich.

1953 drohte die Planwirtschaft erstmals zu implodieren. Auslöser war ein Beschluss des Ministerrats der DDR, die Arbeitsnormen um zehn Prozent zu erhöhen. Zunächst streikten in Berlin zahlreiche Bauarbeiter. Aus ihren Protesten erwuchs am 17. Juni ein Aufstand gegen die Machthaber der DDR, der weit über die Forderung nach Rücknahme der Normerhöhung hinausging. Schließlich rollten sogar Panzer gegen die Arbeiter. Sowjetische Soldaten und die Polizei erstickten den Aufstand gewaltsam. Dennoch saß der Schock bei den Machthabern tief. Sie sahen sich gezwungen, jenseits aller Repressalien auch politisch zu reagieren. Die Führungsspitze der Staatspartei SED einigte sich auf einen „Neuen Kurs". Zum maßgeblichen Ziel der Planwirtschaft erklärte sie die Hebung des Lebensstandards der Menschen.

In diesen aufregenden Zeiten beschloss der Ministerrat am 14. Januar 1954 den Bau eines neuen Kleinwagens. Bislang waren in der Sowjetzone und in der DDR lediglich Pkw auf der Basis von Vorkriegsmodellen hergestellt worden. Nun erteilte die Regierung klare Vorgaben. Das Auto müsse über zwei Haupt- und zwei Nebensitze verfügen, es dürfe nicht mehr als 600 Kilo wiegen und maximal 5,5 Liter Benzin auf 100 Kilometer verbrauchen.

Zu den Besonderheiten der Planwirtschaft gehörte, dass die Regierung nicht von sich aus mit diesem Beschluss vorgeprescht war. Vielmehr erledigte sie damit pflichtschuldigst eine Maßgabe der Sozialistischen Einheitspartei (SED). Deren führende Genossen – darunter Wilhelm Pieck, Walter Ulbricht und Erich Honecker – hatten wenige Tage zuvor einen „Plan der Produktion von Pkw" abgesegnet. Laut dem Protokoll ihrer sogenannten Politbüro-Sitzung stand bereits der Name des späteren Trabis fest. Der Wagen sollte demnach „P 50" heißen. Zum anderen erteilten die Parteifunktionäre dem zuständigen Minister für

Schwermaschinenbau, Gerhart Ziller, knallharte Vorgaben. Wörtlich heißt es im Protokoll: „Die Produktion soll mit der Nullserie von 500 Stück im IV. Quartal 1955 aufgenommen werden und ist im Jahr 1956 bis auf 1000 Stück monatlich zu steigern." Auch den Preis definierten die führenden Genossen – auf glatte 4000 DM.

Dieser „P 50“ aus dem Jahr 1958 gehört zur Sammlung des Horch-Museums.

Gemeint war damit natürlich nicht die westdeutsche D-Mark. In den 1950er Jahren lautete die Währungsbezeichnung in der DDR ebenfalls noch DM.

Im Lastenheft der Entwickler standen weitere Prämissen. Die wichtigste davon: Für die Karosserie konnte nicht auf die nur im westlichen Ausland in ausreichender Quantität und Qualität verfügbaren Tiefziehbleche zurückgegriffen werden. Außerdem sollte der Kleinwagen über einen Zweizylinder-Motor mit einem halben Liter Hubraum verfügen. Er hatte das Fahrzeug auf bis zu 80 km/h zu beschleunigen.

Mit alternativen Karosseriewerkstoffen hatten die sächsischen Entwickler schon seit einigen Jahren experimentiert. Allerdings verkleideten sie die Prototypen des „P 50“ zunächst noch mit Blech. Ein erstes Baumuster entstand im Frühsommer 1954, fünf weitere folgten binnen weniger Monate. Dennoch zeigte sich schon bald, dass die Neuentwicklung mehrere Jahre dauern würde. In dieser Situation entschlossen sich die Chefs des VEB Kraftfahrzeugwerk Audi Zwickau, die planwirtschaftlichen Vorgaben zu umgehen. Auf eigene

Dicht umlagert, das war der Trabant „P 50“ auf den Leipziger Messen. Besondere Aufmerksamkeit erweckte 1959 ein Schnittmodell, das die Platzverhältnisse im Innenraum vor Augen führte. Seine Hälften bewegten sich auseinander und wieder zusammen.

JAHRE
HE REPUBLIK

Verantwortung wiesen sie ihre Konstrukteure an, ein Kunststoffauto auf der Basis der Uralt-Limousine „F 8" zu entwerfen. Im April 1955 lief die Produktion dieses Wagens an – unter dem Namen „P 70". Die 70 steht für den Hubraum von 0,7 Litern. Der Motor leistete 22 PS. Das Fahrzeug erlebte seine Publikumspremiere auf der Leipziger Herbstmesse 1955. Es wurde von der Öffentlichkeit begeistert aufgenommen.

Dass der „P 70" nur eine Zwischenlösung sein konnte, war von vornherein klar. Zugleich stand mit ihm ein Pkw zur Verfügung, mit dem wichtige Erfahrungen für den Bau des „P 50" gesammelt werden konnten. Insbesondere die technologischen Abläufe stellten die Automobilwerker vor enorme Herausforderungen. Sie experimentierten mit der Materialzusammensetzung des Duroplastes, sie probierten verschiedene Klebstoffe aus und suchten nach optimal haftenden Lacken. Zugleich sahen sich die sächsischen Entwickler aber auch mit den Untiefen der Planwirtschaft konfrontiert. Wiederholt wurden seitens der staatlichen Stellen die dringend benötigten Investitionsmittel um hohe Millionenbeträge gekürzt oder aber deren Bereitstellung aufgeschoben.

Immerhin startete die Nullserie des Trabis an einem symbolträchtigen Datum. Der 7. November 1957 war der 40. Jahrestag der russischen Oktoberrevolution*. An diesem Tag hatte nach dem offiziellen Verständnis der DDR der Siegeszug des Sozialismus begonnen. Die 50 Fahrzeuge entstanden sowohl im vormaligen Horch- als auch im einstigen Audi-Werk. Horch stellte die Bodengruppe her, bei Audi wurde das Auto montiert. Es erschien als ein Gebot der Vernunft, aus der ohnehin schon engen Zusammenarbeit beider Zwickauer Fabriken administrative Konsequenzen zu ziehen. Wieder wurde dafür ein symbolbeladenes

* Oktoberrevolution im November, kann das überhaupt stimmen? Ja! In Russland galt 1917 noch der julianische Kalender, die Revolution begann demnach am 25. Oktober 1917. Seit der dort im Folgejahr vollzogenen Kalenderreform fällt das Jubiläum immer auf den 7. November.

Datum gewählt. Am 1. Mai 1958, der in der DDR als Internationaler Kampftag der Arbeiterklasse gefeiert worden ist, fusionierten die Werke. Einen Monat später startete die Serienproduktion des Trabant „P 50". Bis zum Ende des Jahres wurden 1750 Limousinen auf Räder gestellt. Dazu kam die Nullserie des Kombi. Zu ihr gehörten zehn Fahrzeuge.

Die breite Öffentlichkeit bekam den neuen Kleinwagen zur Leipziger Herbstmesse 1958 erstmals zu Gesicht. Die Trabant-Entwickler hatten die Maßgaben des Ministerrats aus dem Jahr 1954 weitgehend einhalten können. Der Motor leistete 17 PS, welche schon bald auf 18 PS gesteigert wurden. Das Auto erreichte bis zu 90 km/h. Beim Gewicht (620 statt der gewünschten 600 Kilogramm) und beim Verbrauch (6,0 statt 5,5 Liter) blieb der Trabi nah an den Forderungen. Allerdings verfehlte der Kleinwagen eine weitere Zielvorstellung nicht gerade unerheblich. Eigentlich sollte er nicht mehr als 4000 DM kosten. Tatsächlich war der „P 50" aber erst ab 7450 DM wohlfeil.

1959, also in seinem ersten vollen Produktionsjahr, brachte es der Trabi auf 20.040 Exemplare. Trotzdem waren dies noch immer viel zu wenige Autos. Das ursprüngliche, planwirtschaftlich abgesegnete Produktionsziel hatte zwar nur bei 12.000 gelegen. Doch es war zwischenzeitlich sogar auf das Fünffache korrigiert worden. Die Ursachen für die letztlich viel zu geringen Produktionszahlen waren nicht in Zwickau zu suchen, sondern in Berlin. Der Ministerrat protegierte längst andere Schwerpunkte in der Planwirtschaft.

Gerhart Ziller, der 1954 als Minister die ersten Planungen für den „P 50" verantwortet hatte, erlebte die Nullserie anno 1957 noch mit. Nur einen Monat später erschoss er sich in seinem Arbeitszimmer. Ziller war am Vortag von Machthaber Walter Ulbricht während einer eigens anberaumten Sitzung des Politbüros massiv unter Druck gesetzt worden. Sein Vergehen: Er hatte immer mehr gegen die selbstherrliche Wirtschaftspolitik des SED-Chefs opponiert. Die Planwirtschaft begann, ihre eigenen Kinder zu fressen.

Nicht von Pappe

Der Trabant hat viele Spitznamen, aber keiner ist so verbreitet wie Pappe. Dieser Name spielt auf das ungewöhnliche Material der Trabi-Karosserie an. Doch wer meint, dass sie tatsächlich aus Pappe besteht, der irrt.

Not macht erfinderisch – dies zeigte sich auch eingangs der 50er Jahre im Automobilbau der DDR. Bis dahin bestanden Karosserien normalerweise aus einem Stahl- oder Holzgerippe, das mit Kunstleder oder aber hochwertigem Tiefziehblech verkleidet worden war. Doch dieser besondere Stahl war in jenen Jahren rar. Notgedrungen experimentierten die Karosseriebauer mit alternativen Werkstoffen. Als besonders tragfähig sollte sich Duroplast erweisen. Es besteht aus mit Kunstharz getränkten Baumwollmatten, die unter hohem Druck in Formen gepresst sowie gebacken werden.

Duroplast ist formstabil und resistent gegen Witterungseinflüsse. Solche Eigenschaften sind im Karosseriebau immer von Vorteil. Um auch Skeptiker davon zu überzeugen, setzten die Zwickauer Automobilwerker bereits beim 1955 vorgestellten Vorgängermodell des Trabant auf eine ungewöhnliche Aktion. Sage und schreibe 16 Autobauer platzierten sich gleichzeitig auf einem „P 70“. Das dabei entstandene Foto unterschrieben sie mit einem unmissverständlichen Satz: „Die Stabilität und Elastizität des Duroplast-Karosseriebaustoffs ist unübertrefflich!“ Von Pappe war also von Anbeginn an nicht die Rede.

Woher stammte dann aber der Spitzname „Pappe“? Er erklärt sich zum einen aus der bräunlichen Farbe des unlackierten Kunststoffs sowie zum anderen aus dem Anblick, den Trabis nach Unfällen bieten. Bruchstellen im Duroplast sehen mitunter aus, als habe man Hartpappe auseinandergerissen.

Übrigens: Obwohl seine Außenhaut aus Duroplast besteht, ist der Trabant nicht vor Rost gefeit. Ob Radkästen oder Spritzwand, ob Bremsleitung oder Hohlräume, sie alle verlangen nach stets neuem Korrosionsschutz.

Der „P 70“ im Belastungstest

POPULÄRER IRRTUM

Wer hat's erfunden?

Trabi-Fans müssen jetzt ganz tapfer sein. Ihr Lieblingsgefährt gilt zwar als Inbegriff für Automobile mit Kunststoff-Karosserie. Dennoch war der Trabi keineswegs der welterste Pkw, der derart verkleidet worden ist.

Bereits vor dem Zweiten Weltkrieg hatte das Zwickauer DKW-Werk mit alternativen Karosseriematerialien experimentiert. In der DDR führte man ab 1951 diese Versuche fort. Serienreife erlangten die damals gebauten Prototypen aber nie. Ab 1953 wurden immerhin Kunststoff-Motorhaben für den IFA „F 8" seriell produziert; der Wagen war weitgehend baugleich mit dem Vorkriegsmodell DKW „F 8".

1954 entstand im nunmehrigen VEB Kraftfahrzeugwerk der nächste Prototyp eines komplett mit Kunststoff beplankten Autos. Ein Jahr später begann die Serienproduktion dieses „P 70". Er besaß noch ein hölzernes Grundgerüst. Der „P 70" war als Zwischenlösung für den in Planung befindlichen „P 50" gedacht. 1958 folgten die ersten in Serie gebauten Trabis „P 50", nun mit Stahlgerippe und Duro-

plast-Verkleidung. An diesem Konstruktionsprinzip sollte sich während der nächsten drei Jahrzehnte nichts ändern.

Trotz alledem waren die DDR-Autos nicht die ersten Serienfahrzeuge, die aus Kunststoff gefertigt worden sind. Bereits 1953 hatte Chevrolet die Corvette mit einer Karosserie aus Kunstharz (Fiberglas) versehen. Der inzwischen legendäre Sportwagen fand in den ersten Jahren allerdings wenig Zuspruch. Dies lag freilich nicht an seinem Karosseriematerial, sondern am Motor. Den Amerikanern galten die 150 PS des Sechszylinders als zu schmalbrüstig. Erst als im Jahr der Trabant-Premiere ein Achtzylinder mit 230 PS verbaut wurde, wuchs die Begeisterung merklich. Zum Vergleich: Der erste Trabantmotor war ein Zweizylinder, er leistete lediglich 17 PS.

Kunststoffe üben als Karosseriematerial bis heute großen Reiz auf Autohersteller aus, vor allem, wenn sie mit Kohlenstofffasern (Karbon) versetzt sind.

Die erste Generation der Corvette fuhr nicht nur schneller als jeder Trabant. Die Sportwagen waren zugleich die weltersten Serienautos mit einer Außenhaut aus Kunststoff.

S-Kultur

Schnittig wie Honeckers Hutmode, so beschreiben Kritiker mitunter das Äußere des Trabis. Anderseits ging die Automarke mit ihrem Markenzeichen in die Designgeschichte ein. Das geschwungene „S" wurde zwar spielerisch gestaltet, ist aber andererseits an Eleganz kaum zu übertreffen.

Sachsenring – das war zunächst nicht mehr als der Name einer Rennstrecke. Seit 1927 wurden auf dem Kurs rund um das sächsische Hohenstein-Ernstthal immer wieder Motorrad-Grand-Prix ausgetragen. 1956 bekam der Sachsenring vier Räder. In jenem Jahr wurde unter diesem Namen erstmals ein Auto auf der Leipziger Frühjahrsmesse vorgestellt. Mit dem späteren Trabant hatte der Horch „P 240 Sachsenring" allerdings kaum etwas gemein. Er verfügte über einen Sechszylinder-Motor und war unter anderem als repräsentatives Regierungsfahrzeug vorgesehen. Der Wagen trug mit dem gekrönten H zunächst noch das Logo der Traditionsmarke Horch.

Schon bald sollte sich die Situation grundlegend ändern. In einem Rechtsstreit setzte sich die Ingolstädter Auto-Union (Audi) gegen das Zwickauer Horch-Werk durch. Der „P 240" durfte fortan nicht mehr als Horch produziert werden. Auch das Werk musste sich umbenennen. Die Wahl fiel auf VEB Sachsenring Kraftfahrzeug- und Motorenwerke Zwickau. Damit stellte sich sogleich die Frage nach einem neuen Warenzeichen. In einem Design-Wettbewerb setzte sich der Entwurf des Grafikers Herbert Prüget durch. Das Logo zeigt passend zum Sachsenring ein S in Gestalt einer S-Kurve. Das Geniale an diesem Emblem ist zweifelsohne seine mit Eleganz gepaarte Schlichtheit.

Fortan prangte das S auf jedem neuen „P 240". Nachdem 1958 das vormalige Horch-Werk mit dem Trabi-Hersteller VEB Automobilwerke Zwickau fusioniert war, trug auch jeder Kleinwagen das Sachsenring-Emblem. Schon bald kannte nahezu jeder DDR-

Die ersten Trabis wurden noch mit dem AWZ-Logo (Bild oben) auf der Motorhaube versehen. Die Abkürzung steht für Automobilwerk Zwickau. Schon bald wurde es durch das Sachsenring-Markenzeichen ersetzt.

Bürger dieses Logo. Von dem Grafiker, der es entworfen hatte, wussten aber nur die allerwenigsten. Herbert Prüget teilte das Schicksal der meisten Kollegen seiner Zunft. Sie bleiben fast immer anonym. Dabei waren gerade die von Prüget entworfenen Markenzeichen in der DDR allgegenwärtig. Dazu gehörte das geschwungene K der Konsum-Genossenschaft ebenso wie das von einem stilisierten Haus umrahmte C des Centrum-Warenhauses.

Als Prüget 1979 im Alter von 65 Jahren starb, verlor die DDR einen ihrer profiliertesten Gebrauchsgrafiker. Für sein künstlerisches Wirken war der Schöpfer des Sachsenring-S unter anderem mit dem Nationalpreis ausgezeichnet worden.

Ein Trabi, sieben Käfer

Kann man ehrlichen Herzens den Trabant mit dem Käfer vergleichen? Zumindest in puncto Statistik fuhr der VW stets vorweg. Noch bevor überhaupt der erste Trabi gebaut wurde, gab es bereits mehr als eine Million Käfer. Volksauto im wahrsten Sinne des Wortes war das ostdeutsche Auto dennoch.

Die Geschichte des VW Käfers reicht bis in die Vorkriegsjahre zurück. Der Automobilkonstrukteur Ferdinand Porsche hatte 1934 begonnen, einen Kleinwagen zu entwickeln. Drei Jahre später gründete sich die „Gesellschaft zur Vorbereitung des Volkswagens mbH"; sie ist der Vorläufer des heutigen VW-Konzerns. Zugleich verbreitete die nationalsozialistische Propaganda die Mär, dass schon bald die Massenmotorisierung der Deutschen einsetzen würde. Ab 1938 wurde eigens für den Bau des KdF-Wagens (Kraft durch Freude) eine Fabrik errichtet. Zum Serienstart sollte es aber vorerst nicht kommen. Mit Ausbruch des Zweiten Weltkriegs wurden nur noch Fahrzeuge fürs Militär hergestellt.

Erst 1945 lief die Produktion ziviler Fahrzeuge an. Sie wurden als Reparationsleistung an die Briten geliefert. Ab 1946 konnten auch Privatpersonen den Kleinwagen kaufen. Noch war in Deutschland nicht die Rede vom Käfer, und das sollte bis in die 1960er Jahre auch so bleiben. Werksintern sprach man in betonter Nüchternheit vom „Typ 1".

Dennoch wollte nahezu jeder dieses Auto haben. Es war preiswert, robust und durchaus praktisch. Unzählige Familien stopften ihr Urlaubsgepäck in den kleinen Wagen und tuckerten über die Alpen nach Italien. Kein Wunder also, dass der Käfer während der 1950er Jahre von Rekord zu Rekord eilte. 1955 entstand der millionste Wagen, zwei Jahre später gab es bereits zwei sowie 1959 drei Millionen Käfer. Als in der DDR die Produktion des Trabis gerade erst anzulaufen begann, hatte sich der Käfer längst seine ultimativen Sporen erobert. Er galt als Symbol des westdeutschen

Wirtschaftswunders. 1972 wurde der kleine Volkswagen sogar zum meistgebauten Automobil der Welt.

Dabei hatte der Käfer spätestens seit den 1960er Jahren das Schicksal des Trabis geteilt. Er war technisch überholt, wenn auch aus anderen Gründen. Sein klassisches Fahrzeugkonzept mit Heckantrieb und Luftkühlung galt als ausgereizt. Immerhin versuchte der VW-Konzern, mit allerlei Modellpflegen gegenzusteuern. So wuchs die Motorleistung allmählich von 25 auf 50 PS. Außerdem erhielt der Käfer eine halbwegs taugliche Heizung, modernere Achsen sowie ein 12-Volt-Bordnetz. Zumindest formal schien der Trabi dem Käfer zu diesem Zeitpunkt zu enteilen. Ab 1962 war dessen zweite Generation („600“) gebaut worden. Nur zwei Jahre später erschien mit dem „601“ ein vermeintlich komplett neuer Trabi. In Wahrheit steckte unter dessen Karosserie aber noch immer die Technik des Vorgängers.

Trotz aller Bemühungen, den Käfer zu modernisieren, steuerte das lange Festhalten an dem Uralt-Konzept den VW-Konzern in

Der millionste Käfer lief 1955 vom Band.

Beim Trabant steckt der Motor unter der Fronthaube. Beim Käfer befindet sich der Motor im Heck.

die Sackgasse. Absatz und Gewinn brachen drastisch ein. Der Handlungsdruck wurde größer und größer. Doch im Gegensatz zu ihren Kollegen von Sachsenring, die seitens des Staates immer wieder in ihrem Tatendrang gebremst wurden, konnten sich die VW-Konstrukteure aus eigener Entschlusskraft behelfen. Sie vollzogen eine radikale Abkehr vom Käfer und setzten auf eine komplette Neuentwicklung. Mit dem Debüt des Golfs im Jahre 1974 fuhr die Marke aus der Krise.

Bis 1978 baute VW den Käfer weiterhin in Deutschland, wenn auch in kleiner Stückzahl. Bei der auf die Cabriolet-Version spezialisierten Karmann GmbH wurde er sogar bis 1980 produziert. Danach lief der Käfer nur noch in Brasilien und Mexiko vom Band. Am 30. Juli 2003 entstand in Mexiko das letzte Modell. Es trug die fortlaufende Nummer 21.529.464. Mit anderen Worten: Auf jeden jemals gebauten Trabi kamen sieben Käfer.

Trabi versus Käfer

Nicht nur optisch liegen Welten zwischen beiden Limousinen. Auch in puncto Karosseriebauweise, Motor- und Antriebskonzept unterscheiden sich die Kleinwagen grundsätzlich. Ein Blick ins Datenblatt führt dies vor Augen.

	Trabant P 50 Limousine	VW Käfer 1200 Limousine
Karosserie	Stahlskelett mit Duroplast-Verkleidung	Ganzstahlkarosserie
Maße	3361 x 1493 x 1460 mm	4070 x 1540 x 1500 mm
Motor	Zweizylinder, Zweitaktmotor vorn quer eingebaut	Vierzylinder, Viertaktmotor, hinten längs eingebaut
Hubraum	499 ccm	1191 ccm
Leistung	17 PS, später 18 bzw. 20 PS	30 PS, später 34 PS
Getriebe	unsynchronisiertes 4-Gang-Getriebe; später synchronisiert	teilsynchronisiertes 4-Gang-Getriebe; später synchronisiert
Antriebsart	Frontantrieb	Heckantrieb
Höchstgeschwindigkeit	90 km/h, später 95 bzw. 100 km/h	112 km/h, später 120 km/h
Preis im Jahr 1958	7650 DM*	3810 DM

* Bis 1964 lautete die Währungsbezeichnung in der DDR ebenfalls DM.

Der richtige Kleinwagen für Sie!

Die ersten Jahre des Trabis fielen in eine Phase, in der die Werbung auch in der DDR aufzublühen begann. Nach Jahren des Wiederaufbaus und Mangels gab es immer mehr neue Produkte, die es vorzustellen galt. Am Beispiel der ersten Trabant-Prospekte zeigt sich, wie sich der Zeitgeist entwickelte.

„Die unbestreitbaren Vorzüge des AWZ-Trabant liegen in rasantem Beschleunigungsvermögen, Bergfreudigkeit, geringem Verbrauch und hervorragender Kurvenfestigkeit. Im Stadtverkehr wendig, auf langen Reisen ausdauernd und zuverlässig, bringt er 4 Personen schnell ans Ziel." Als 1958 die Reklame für den Trabi startete, setzte das Automobilwerk Zwickau (AWZ) trotz des vollmundigen Werbeversprechens auf einen zurückhaltenden Auftritt. Die Absicht, die Interessenten vor allem sachlich informieren zu wollen, ist offenkundig. Das zeigt sich bereits auf der Titelseite des damaligen Prospekts. Sie kündigt überraschend dezent an: „Wir stellen vor: Kleinwagen Trabant". Das Auto selbst ist nur als Zeichnung dargestellt.

Auch im Innenteil suchen wir vergebens nach Fotos, die den Trabi beim rasanten Beschleunigen oder während einer Bergfahrt abbilden. Dafür beflügeln zwei weitere Zeichnungen unsere Fantasie. Sie führen einen „P 50" vor Augen, der auf einem Campingplatz parkt, sowie das gleiche Fahrzeug, nun aber voll besetzt mit vier erwachsenen Passagieren. Ringsum sind kleine Fotos zu sehen. Sie zeigen Details wie den Motor, die Fernentriegelung des Kofferraumdeckels sowie die umklappbaren Vordersitze. Dazu stehen jeweils erklärende Texte.

Bereits im folgenden Jahr veränderte sich die Ansprechhaltung gegenüber den potenziellen Käufern. 1959 lobte der Hersteller den Trabi in dicken Lettern als „Kleinwagen mit großer Zukunft" und als „Neuer Stern der Automobilwelt". Mit anderen Worten: Große Töne ersetzten die zuvor betonte Sachlichkeit. Nun waren es auch

Trabi-Prospekte aus den Jahren 1958, 1959 und 1960

nicht mehr allein die heimischen Berge, in denen der Trabant seine Robustheit bewiesen hatte. Der Blick ging vielmehr weit über die Landesgrenzen hinaus. „Zwischen Polarkreis und tropischen Breiten“, so verspricht es der Prospekt, hätten sich Fahrzeuge der volkseigenen Sachsenring-Werke „unter extremen klimatischen Bedingungen bewährt. Die reichen Erfahrungen der Vergangenheit kamen dem nach neuesten Erkenntnissen konstruierten Trabant zugute.“

Wurde der Trabi wirklich am Polarkreis und in den Tropen getestet? Genau das hatten die Werbetexter keineswegs behauptet, sondern allenfalls suggeriert. Ihr Satz bezog sich vielmehr auf dessen Vorgängermodelle. So war der „P 70“ in Ägypten erprobt worden. Trotz weiterer schwammig formulierter Versprechen findet sich in diesem Reklame-Heftchen zumindest an einer Stelle mehr Realitätsnähe als im 1958er Prospekt. Das Beschleunigungsvermögen des Trabis wurde nicht mehr als „rasant“ angepriesen, sondern nur noch als „gut“.

Ein weiteres Jahr später erschien der nächste Trabant-Prospekt erneut in einer komplett veränderten Aufmachung. 1960 setzte die Werbeabteilung des Zwickauer Werks auf Lifestyle. So können wir auf einer ganzseitigen Zeichnung eine Frau bestaunen, die mit einem Picknickkorb vor einer Limousine posiert. Wer sich angesichts ihres im Wind wallenden Kleids an das berühmte Foto mit Marylin Monroe erinnert fühlt, liegt so falsch nicht. Diese Aufnahme galt seit Mitte der 1950er Jahre als Stil-Ikone. Sie wurde rund um den Globus vielfach kopiert.

Auch darüber hinaus unterscheidet sich die optische Aufmachung kaum von zeitgenössischen westlichen Vorbildern. Weitere Zeichnungen zeigen ein Paar im trendigen Wander-Outfit, einen Skifahrer sowie eine tiefdekolletierte Camperin mit Wasserball. Natürlich stehen alle an einem Trabi. Die fulminante Bilderschau endet folgerichtig mit der Empfehlung: „Trabant – der richtige Kleinwagen für Sie!“

Lieb und teuer

Der Trabant war zu DDR-Zeiten nicht einfach nur ein Auto, sondern zugleich eine perfekte Wertanlage. Für Gebrauchtwagen blätterten Käufer oft mehr als den Neupreis hin.

Ab 8500 Mark kostete der „601" offiziell in den 80er Jahren. Wer seinen Neuwagen sofort weiterverkaufte, machte das Geschäft seines Lebens. Viele Interessenten waren bereit, mehr als das Doppelte zu zahlen. Allerdings erfolgten solche Abmachungen stets unter der Hand. Die Verkäufer hatten keinerlei Interesse daran, den tatsächlich erzielten Preis im Kaufvertrag auszuweisen. Sie hätten ansonsten riskiert, von der Staatsmacht gehörig belangt zu werden.

Das ökonomische Phänomen erklärt sich aus der Mangelwirtschaft. Die Nachfrage nach Pkw überstieg bei weitem das tatsächliche Angebot. Wer einen Neuwagen vom volkseigenen IFA-Vertrieb zugeteilt bekommen wollte, musste dies nicht nur förmlich beantragen. Noch dazu dauerte es wenigstens zehn Jahre, ehe man einen Trabi erhielt. Allerdings ließ sich die Warterei abkürzen, etwa indem aller paar Jahre ein anderes Familienmitglied einen Neuwagen orderte. So kam es, dass auch Senioren, die überhaupt nicht Auto fahren konnten, neue Pkw bestellten.

Selbst für Kraftwagen mit Totalschaden wurden hohe Preise gezahlt. Hauptsache, der Fahrzeugbrief war noch vorhanden. Er gestattete es, das schrottreife Auto von Grund auf neu aufzubauen und wieder in den Verkehr zu bringen. Angesichts der angespannten Ersatzteillage war dies jedoch ein sehr aufwändiges sowie kostspieliges Unterfangen.

Auf die völlig überzogenen Gebrauchtwagenpreise reagierte der Volksmund, wie er in der DDR häufig reagierte – mit schwarzem Humor. Frage: Warum warten Millionen von Bürgern jahrelang auf einen Neuwagen? Antwort: Weil sie sich keinen Gebrauchtwagen leisten können.

Ein Auto, zwei Preise

Wie viel Zeit verstrich in der DDR, bis ein bestellter Trabant ausgeliefert wurde? Die Antwort kommt oft wie aus der Pistole geschossen: Nicht unter zehn Jahren. Das stimmt – und es stimmt auch nicht. Es gab eine Möglichkeit, das Verfahren erheblich zu beschleunigen.

Bereits 1956, also noch vor dem Entstehen des Trabants, gründete sich in der DDR mit der Geschenkdienst- und Kleinexporte GmbH eine legendäre Firma. Auf den ersten Blick war die sogenannte Genex nur ein Versandhaus. Sie spezialisierte sich darauf, Bundesbürgern das Beschenken von DDR-Bürgern zu erleichtern. Tatsächlich kam es ihr einzig und allein darauf an, dringend benötigte Devisen zu erwirtschaften.

„Geschenke in die DDR", so hieß jener Katalog, den die Genex alljährlich herausgab. Eigentlich hätte man ihn auch „Geschenke aus der DDR" nennen können. Zwar wurden zahlreiche Westprodukte offeriert, von der Tafel Schokolade bis zum BMW. Doch der Großteil des Angebots bestand aus DDR-Waren, idealerweise aus solchen, die im heimischen Handel als schwer erhältlich galten. Trabis und Wartburgs gehörten dazu, Tiefkühlschränke und Schlagbohrmaschinen, Dessous und Swimmingpools. Selbst Einfamilienhäuser waren zu haben. Selbstverständlich ließ sich Genex all diese Ostprodukte mit Westgeld bezahlen.

Das wahre Erfolgsgeheimnis des Handelsunternehmens verbarg sich hinter dem Werbeversprechen „Sicher und zügig", welches es 1988 sogar auf die Titelseite des Katalogs geschafft hatte. Zügig, das hieß zum Beispiel im Falle eines Trabants, dass der Beschenkte nicht, wie bei Inlandsbestellungen üblich, zehn Jahre bis zur Auslieferung warten musste. Das neue Auto war binnen weniger Wochen abholbereit. Für Bürger, die ihren Pkw in der DDR normal erwerben wollten, hatte dies bittere Folgen. Für sie ver-

„Der Trabant 601 ist einer der beliebtesten Wagen in unserem Sortiment. Ohne größere Veränderungen in der Karosserie, jedoch in der technischen Entwicklung auf dem neuesten Stand, hat der Trabant es vermocht, sich eine Anhängerschar zu sichern. Die Hauptgründe: Er ist anspruchslos, robust, zuverlässig."
Werbeversprechen von Genex, 1980

„Der kleine Wagen mit den großen Vorzügen! Geschmackvolle Formgebung, pflegeleichte Innenausstattung und das ausgewogene Fahrwerk sorgen für hohen Komfort. Mit 26 PS Leistung ist der kleine Trabant spritzig und schnell. Und noch ein Vorteil: Er braucht wenig Parkfläche."
Werbeversprechen von Genex, 1989

längerte sich in Abhängigkeit vom Umfang der Genex-Bestellungen die Wartezeit. Letztlich kam so nicht ein Trabi zusätzlich auf die Straßen. Dafür aber verschärfte sich durch das Geschäftsgebaren der Genex das soziale Ungleichgewicht. Viele jener DDR-Bürger, die weder über eigene Devisen noch über spendable Westverwandte verfügten, fühlten sich mitunter als Menschen zweiter Klasse.

Noch dazu waren die für Westgeld gehandelten Trabis angesichts des offiziellen Wechselkurses von 1:1 erstaunlich preiswert. So bot Genex die vollausgestattete Limousine „S de luxe" im Jahr 1980 für lediglich 5950 DM an. Das entsprach etwa der Hälfte des regulären DDR-Preises für ein vergleichbar ausgestattetes Modell.

Entsprechend gut florierte das Geschäft mit dem Trabant. Allein in den Jahren von 1981 bis 1988 konnte Genex 39.260 Trabis verkaufen. Lediglich der Wartburg war noch begehrter. Zum Vergleich: Im selben Zeitraum gelangten nur 13.332 VW Golf über den Geschenkdienst in die DDR. Alles in allem machte der Handel mit Pkw mehr als zwei Drittel des gesamten Genex-Umsatzes aus. Jährlich führte die GmbH rund 40 Millionen DM als Gewinn an die Staatskasse ab.

Die zweite Generation

Die Kombiversion des „600“ wurde nur während vier Jahren gebaut – von 1962 bis 1965. Rolf Seidel besitzt einen solchen Trabi seit mehr als fünf Jahrzehnten.

Drei PS mehr. Der VEB Sachsenring wertete anno 1962 den Trabi spürbar auf. Die zweite Generation des Trabant leistete fortan 23 statt 20 PS. Zu verdanken war die Leistungssteigerung insbesondere der Vergrößerung des Hubraums von 0,5 auf nunmehr 0,6 Liter. Entsprechend erhielt der Trabi auch eine neue Typbezeichnung. Aus dem „P 50“ wurde der „600“. Optisch unterschied sich der Neue dagegen kaum von seinem Vorgänger. Die Pontonkarosserie blieb unverändert. Zumindest konnte man den 600er gegen Aufpreis mit neuartig gestalteten, farbigen Zierstreifen bestellen.

Bereits in seinem ersten Produktionsjahr erschien der 600er nicht nur als Limousine, sondern auch als Kombinationskraftwagen. Zeitgenössische Prospekte beschwören vor allem den variablen Innenraum des Kombis. Zu ihm gehört „eine äußerst bequeme Liegesitzeinrichtung – alles geschaffen für eine erlebnisreiche Touristik mit dem Trabant 600“. Das dazugehörige Foto zeigt zwei junge Damen in Badeanzügen, die sich auf den umgeklappten Sitzen räkeln.

Rolf Seidel aus Weimar besitzt einen solchen Kombi seit 1966. Er hat ihn gebraucht erworben. Der Wagen war drei Jahre zuvor gebaut worden. Warum verkauft man als DDR-Bürger ein derart junges Auto? Seidel erinnert sich noch gut daran: Der Vorbesitzer war in der Kfz-Branche tätig und offenbar darauf erpicht, stets das aktuellste Auto zu fahren. Angesichts des ab 1965 gebauten Nachfolgemodells „601 Universal“ hatte er wohl kein Interesse mehr an dem optisch veralteten „600“. Rolf Seidel war's egal. Er sah die Chance, vergleichsweise günstig an einen gebrauchten Kombi zu kommen und griff kurzentschlossen zu. Noch konnte er nicht ahnen, dass ihn dieses Auto sein ganzes weiteres Leben begleiten würde. Aus dem praktischen Gefährt wurde immer mehr ein auch von anderen Trabi-Fans vielbewundertes Schätzchen …

Eines Tages begab es sich, dass Rolf Seidel auf einer Oldtimerveranstaltung mit einem Mann ins Gespräch kam, der seinen Kombi von allen Seiten fotografiert hatte. „Ach, genau so einen 600er besaß ich auch einmal“, schwärmte der Unbekannte voller Wehmut. Wie recht er doch damit hatte. Er entpuppte sich als der Erstbesitzer genau dieses Autos.

Rolf Seidel besitzt einen von 36.729 gebauten Kombis der 600er Baureihe.

Das Langzeitauto

Der Trabant „601“ war mit über 2,8 Millionen Exemplaren das meistgebaute Automobil der DDR. Ursprünglich sollte die Modellreihe nur wenige Jahre produziert werden. Doch dem Staat fehlte das erforderliche Kapital für die Serienproduktion eines Nachfolgers. So lief der 1964 vorgestellte 601er bis 1990 vom Band.

Spätestens seit dem Mauerfall und der deutsch-deutschen Wiedervereinigung wissen auch gelernte DDR-Bürger um die Vergänglichkeiten des Automobilmarktes. Moderne Pkw werden meist binnen fünf bis acht Jahren durch ein Nachfolgemodell ersetzt. Zwischenzeitlich frischen Autohersteller ihre Fahrzeuge gern optisch auf. Die große Frage dabei lautet: Ist das dann nur Augenwischerei? Oder werden die sogenannten Facelifts durch technische Veränderungen und damit einen höheren Gebrauchswert begleitet?

Als 1964 die Serienfertigung des „601“ begann, rollte ein dem Augenschein nach neues Auto vom Band. Das Design erinnerte zwar an die bisherigen Baureihen, dennoch war dieser Trabi ein unverkennbar eigenständiges Auto. Er war länger und breiter als seine Vorgänger und stand satter auf der Straße. Der Zuwachs bei den Außenmaßen zahlte sich im Innenraum aus. Der „601“ bot mehr Beinfreiheit und ein größeres Kofferraumvolumen als die vorherigen „P 50“ und „600“. Noch dazu gab es endlich Fenster, die sich herunterkurbeln ließen. Auch eine Scheibenwaschanlage und eine tauglichere Heizung gefielen den Käufern. Größere Glasflächen erlaubten, den Verkehr besser zu beobachten.

Ein neues Auto also? Der Blick unter die Duroplast-Karosserie belehrt eines anderen. Technisch verharrte der „601“ auf dem Niveau des „600“. Die Bodengruppen beider Modelle waren de facto identisch. Der neue Trabi behielt den Motor und das Fahr-

Wer wird Millionär? 1973 beantwortete der Trabi diese Frage für sich. Ein „601" lief als millionster Trabant vom Band. Seine verchromte Stoßstange sowie das farbig abgesetzte Dach waren typische Elemente der Ausstattungsversion „de Luxe".

werk des alten. Dennoch gefielen sich die damaligen Werbetexter darin, offenkundige Nachteile als Vorteil zu preisen. So schrieben sie über das Triebwerk: „Der ventillose Zweitaktmotor, der gegenüber dem Viertaktmotor keinen komplizierten Steuerungsmechanismus enthält (...) ist verschleißfest, zuverlässig und wirtschaftlich." Im Alltag bewahrheitete sich indes, dass keine dieser drei Eigenschaften wirklich zutraf. Längst waren die Motorenkonstrukteure staatlicherseits aufgefordert worden, auf neue Motoren zu setzen. Doch sowohl die mehrere Jahre dauernde Entwicklung von Wankelmotoren als auch die Erprobung tschechischer Viertakter wurden von höchster Stelle wieder gestoppt.

Letztlich befanden sich die Zwickauer Automobilwerker in einer Zwickmühle. Das stete Ja der Staatsführung zu Zukunftsprojekten, welche im fortgeschrittenen Status mit einem ebenso energisch verkündeten Nein wieder beendet wurden, glich einem Fahren mit angezogener Handbremse. Tag um Tag verstrich, Monat um Monat, Jahr um Jahr, ohne dass ein Modellwechsel erfolgte. Vielversprechende Prototypen gab es zwar zur Genüge, doch dem Staat fehlten die erforderlichen Investitionsmittel zur Überführung in die Serienproduktion. Die Planwirtschaft entpuppte sich einmal mehr als Mangelwirtschaft.

Dass der Zweitaktmotor des „601" anno 1968 von 23 auf 26 PS erstarkte, war kaum mehr als der Versuch, das Dilemma zu kaschieren. Außerdem gelang es den Konstrukteuren, die technischen Voraussetzungen für einen niedrigeren Ölanteil im Kraftstoff zu schaffen. Er sank von 1:33 auf 1:50. Bezeichnenderweise erfreuten sich die Trabi-Fahrer selbst an kleineren Verbesserungen. So löste das 1983 gegen Aufpreis eingeführte Pur-Lenkrad große Begeisterung und Nachfrage aus. Es war weit griffiger als das bisherige, spindeldürre Volant.

1989 erfuhr der „601" weltweite Bekanntheit. Kaum war die Berliner Mauer gefallen, fuhren DDR-Bürger mit ihren Trabis nach Westberlin und in die Bundesrepublik. Obwohl angesichts der Abgasfahne etliche Bundesbürger die Nase rümpften, wurde der Trabi als Mauerbrecher gerühmt. Gemälde und Kunstinstallationen zementieren diesen Ruf bis in die Gegenwart. Derweil sollte sich schon bald offenbaren, dass der „601“ ein tragischer Held war. Im Wettbewerb mit den fortan massenhaft verfügbaren Fahrzeugen aus westlicher Produktion hatte das Uralt-Auto keinerlei Chance mehr. Acht Monate nach dem Mauerfall stellte der VEB Sachsenring die Produktion des „601“ ein.

Ein Hauch von Luxus

Die Baureihe „601“ war ab Werk in drei Ausstattungsversionen lieferbar – als Standardfahrzeug ohne Zusatzbezeichnung, als „S“ (Sonderwunsch) sowie als „de Luxe“ (später „S de Luxe“).

Die höherwertigen Modellreihen verfügten unter anderem über konturierte Sitze. Zur luxuriösen Topausstattung gehörten eine zweifarbige Lackierung, Zierrat aus Chrom sowie Armstützen.

Außer der zweitürigen Limousine wurden ein Kombi, ein Kübel und dessen ziviler Ableger Tramp gebaut.

Unter den Namen „Hycomat“ bot der VEB Sachsenring ab 1965 eine automatische Kupplung an. Das Fahrzeug kam ohne Kupplungspedal aus, die Gänge wurden weiterhin per Hand eingelegt.

Eine Gehhilfe fürs Fahren

Wenn wir davon sprechen, dass jemand am Stock geht, meinen wir meist auf saloppe Weise, dass er schwächelt und in die Jahre gekommen ist. Trabi-Fahrer gehen nicht am Stock, sie fahren vielmehr an demselben, an einem Krückstock sogar.

Vorwärts immer, rückwärts nimmer! So lautet eine in der Gründerzeit der DDR geprägte Losung. Staatschef Erich Honecker zitierte sie gern und oft, zuletzt während der Feier zum 40. Geburtstag der Republik. Gut möglich, dass Honeckers Lieblingsparole sogar sein gespaltenes Verhältnis zum Trabi erklärt. Das Auto fuhr nun mal auch rückwärts. Nein! Doch. Ooooh ...

Von Anbeginn an war der Trabi mit einem 4-Gang-Getriebe ausgestattet worden. Gemeint sind allein die Vorwärtsgänge, der „R" wird üblicherweise nicht mitgezählt. Während sich bei den meisten Pkw ein klassischer Schalthebel zwischen Fahrer- und Beifahrer befindet, verfügt der Trabant über eine Krückstockschaltung. Sie ragt rechts vom Lenkrad aus der Armaturentafel und hat ihren Namen von der Ausformung des Schalthebels erhalten. Dessen Ende ist gekrümmt und erinnert an den Griff einer Gehhilfe.

Wer den ersten Gang einlegen möchte, muss den Hebel leicht hineindrücken und den Griff nach unten drehen. Ein Gestänge überträgt den Wunsch des Fahrers direkt ans Getriebe. Um in den zweiten Gang zu wechseln, dreht man den Krückstock nach oben. Der Dritte und Vierte erfordern es dagegen, den Hebel etwas herauszuziehen. Hört sich kompliziert an, ist aber mit etwas Übung einfach zu beherrschen. Die Schaltung ist äußerst leichtgängig. Wer erstmals einen Trabant steuert, ist davon oft angenehm überrascht.

Dennoch müssen sich Trabi-Fahrer mit einem Manko arrangieren. Für ihren Schalthebel hat sich ein wenig schmeichelhafter Name eingebürgert. Selbst in der werksseitigen Betriebsanleitung ist von einer Stockschaltung die Rede. Dabei hätte es durchaus eine namentliche Alternative gegeben. Die Form des Hebels erinnert ebenso an einen Pistolengriff. Deshalb war im westlichen Ausland häufig von einer Revolverschaltung die Rede. Unter anderem verfügte die Ente von Citroën über eine solche. Das französische Kultauto stand dennoch außer Verdacht, Gangster-Fahrzeug oder Wildwest-Kutsche zu sein. Angesichts der dem Trabi ähnlichen Motorenleistung sollte dies jedoch auch nicht verwundern. Die Ente kam je nach Version auf 9 bis 29 PS.

Bleibt eigentlich nur noch die Frage, wie man den Trabi zum Rückwärtsfahren bewegt. Ganz einfach: Der Krückstock wird komplett hereingeschoben und nach unten gedreht.

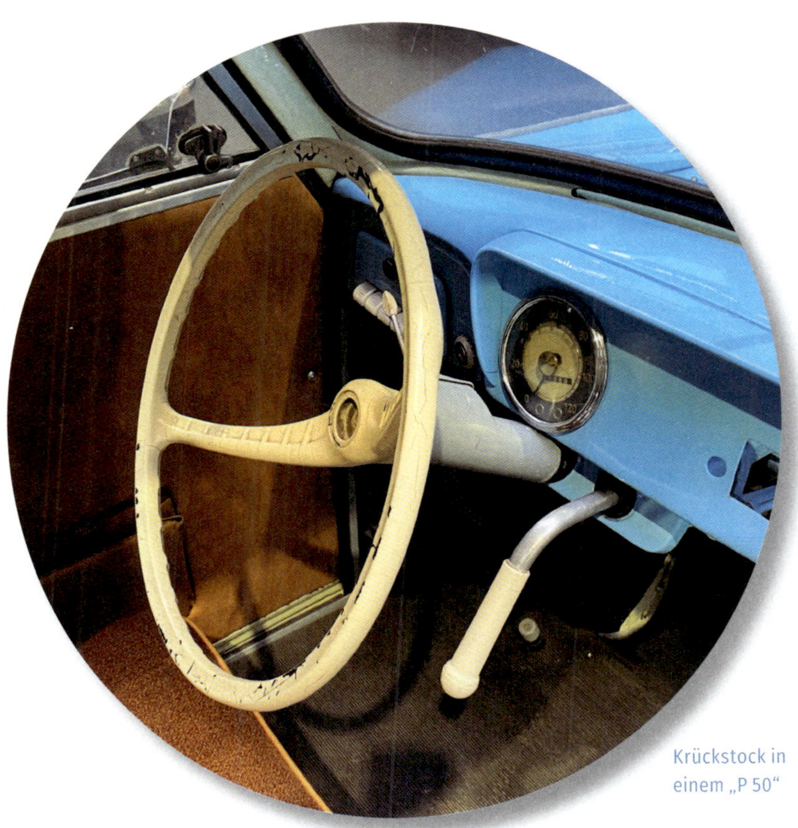

Krückstock in einem „P 50“

Das Parfüm des Ostens

Zwei Zylinder, zwei Takte, zwei Freunde fürs Leben. Ein Satz genügt, um die Liebe zum Trabi zu beschwören. Allerdings ist die Zweisamkeit auch selbstironisch zu verstehen. Seit den 1960er Jahren war die Unzulänglichkeit des Zweitakt-Motors weithin bekannt. Doch worin liegt sie begründet?

Heutige Kraftstoffpreise animieren Karikaturisten mitunter dazu, Benzinkanister als edle Flakons zu zeichnen. Eau de Oktan, sozusagen. Die Parfüme tragen Namen wie „E 10“ und „E 5“, gern werden sie auch vollmundig als „V-Power“, „Excellium“ und „Ultimate“ angepriesen. Trabifahrer können mit diesem Wortgeklingel wenig anfangen. Ihre bevorzugten Sorten heißen schlicht und einfach „1:50“ oder auch „1:33“. Noch dazu parfümieren sie wirklich – und zwar die Umwelt. Dass Trabis eine bläuliche Abgasfahne und einen beißenden Geruch hinter sich herziehen, hat sehr viel mit der „1“ im Kraftstoffnamen zu tun. Sie steht für das Öl, welches dem Benzin beigemischt wird. Bei jüngeren Trabis geschieht dies im Verhältnis 1:50, bei älteren 1:33 sowie bei den allerersten Modellen 1:25.

Die direkte Zugabe des Schmiermittels und damit dessen stetige Verbrennung unterscheidet den Zweitakter maßgeblich vom Viertakter. Letztgenannte Motoren verfügen über einen geschlossenen Ölkreislauf; es kommt im Fahrbetrieb somit nur zu minimalen Ölverlusten. Auch deshalb hat sich dieses Konstruktionsprinzip bei Verbrennungsmotoren von Pkw durchgesetzt. Trotzdem hatte der Zweitakter durchaus seine Vorteile. Doch beginnen wir am Anfang.

Die Erfindung des Zweitakters lässt sich rückblickend mit einem neuzeitlichen Werbespruch umschreiben: Geiz ist geil! Das Knausern, so heißt es, sei eine typische Eigenheit der Schotten. Einer der ihren, ein Mechaniker namens Dugald Clerk, ließ sich 1879 den Zweitakter patentieren. Drei Jahre zuvor hatte Nicolaus Otto den Viertakter zur Serienreife gebracht. Automobilhistoriker vermuten,

Der schottische Erfinder Sir Dugald Clerk

dass Clerks Erfindergeist auch darin gründete, dass er die teuren Patente Ottos umgehen wollte.

Der Hauptunterschied zwischen beiden Konstruktionsprinzipien besteht darin, dass der Zweitakter mit zwei Arbeitsschritten auskommt statt mit vier. Im ersten Takt läuft der Kolben nach oben und verdichtet dabei das sich im Zylinder befindliche Benzin-Luft-Gemisch. Mit der Aufwärtsbewegung des Kolbens geht einher, dass sich unter ihm das Volumen des Hohlraums vergrößert. In diesen Raum strömt bereits neues Frischgas ein. Kurz bevor der Kolben den oberen Totpunkt erreicht, wird das dort komprimierte Gas entzündet. Im zweiten Takt läuft der Kolben wieder nach unten. Während oben das Abgas entweicht, gelangt das Frischgas über sogenannte Überströmkanäle nach oben. Nun beginnt alles wieder von vorn.

Zu den wesentlichen Vorteilen des Zweitakters gehört, dass er mit weniger beweglichen Teilen auskommt als ein Viertakter. Das erlaubt ein kleineres Bauvolumen sowie ein geringeres Gewicht. Auch die Motorensteuerung bedarf weniger technischen Aufwand als bei einem Viertakter. Kosten spart außerdem, dass keine Motorölwechsel erforderlich sind. Dem gegenüber stehen erhebliche Nachteile. Dazu gehört der hohe Anteil verbrannten Öls im Abgas. Der Trabi wird nicht zu Unrecht als Stinker bezeichnet, erst recht, wenn er beim Kaltstart mit Choke gefahren wird. Dann fettet zusätzlicher Kraftstoff das Gemisch an. Noch dazu lassen sich die Zylinder eines Zweitakters unpräziser befüllen als bei einem Viertakter, es kommt deshalb zu Frischgasverlusten. Alles in allem ist der Kraftstoffverbrauch angesichts der Leistungsausbeute zu hoch.

Warum setzten die Trabi-Konstrukteure dennoch auf einen Zweitaktmotor? Zwei Gründe waren ausschlaggebend. Zum einen knüpften sie nach dem Zweiten Weltkrieg an die ureigene Tradition des Zwickauer Automobilstandorts an. Das vormalige Audi-Werk hatte im Deutschen Reich zu den maßgeblichen Zweitakt-Protagonisten gehört. Vom „F 1" bis zum „F 8" waren alle hier produzierten DKW-Kleinwagen von derartigen Motoren angetrieben worden. Zum anderen beharrte die Partei- und Staatsführung der DDR auch dann noch auf Zweitaktern, als alle anderen Automobilhersteller diese Motoren ausrangiert hatten. Zwar ließ sie in den 1960er Jahren noch zu, dass an anderen Motorenkonzepten geforscht wurde. Freilich wurden diese Arbeiten wieder gestoppt.

Erst in der Mitte der 1980er Jahre setzte das wirtschaftspolitische Umdenken ein. Nun sollten Viertakter von Volkswagen die seit Jahrzehnten klaffende Entwicklungslücke schließen. Der erste Viertakter, ein Trabant „1.1", rollte 1990 vom Band. Erstmals musste ein serienmäßiger Trabi kein Benzin-Öl-Gemisch mehr tanken, erstmals roch sein Abgas nicht mehr nach dem Parfum des Ostens.

Die Trabi Motoren

Jahr	Konstruktionsprinzip	Hubraum	Leistung
1957/58	Zweitakter mit zwei Zylindern	499 ccm	17 PS (12,5 kW)
1958/59	Zweitakter mit zwei Zylindern	499 ccm	18 PS (13 kW)
1959/62	Zweitakter mit zwei Zylindern	499 ccm	20 PS (15 kW)
1962/68	Zweitakter mit zwei Zylindern	599 ccm	23 PS (17 kW)
1968/90	Zweitakter mit zwei Zylindern	599 ccm	26 PS (19 kW)
1990/91	Viertakter mit vier Zylindern	1043 ccm	40 PS (30 kW)

Wankel-Mut

Wenn der Name des Ingenieurs Felix Wankel fällt, bekommen viele Autofans vor Begeisterung leuchtende Augen. Der von ihm erfundene Kreiskolbenmotor gilt als ein Meilenstein der Automobilgeschichte. Beinahe hätte der Wankelmotor auch den Trabi angetrieben.

„Anlässlich eines Besuchs bei Sachsenring in Zwickau habe ich selbst eine Probefahrt in einem Pkw mit Wankelmotor unternommen und vergesse die erschrockenen Gesichter der Insassen der dicken Westwagen auf der Autobahn Zwickau-Gera nicht, als der Trabi sie mit mehr als 150 Sachen überholte." Irgendwann im Jahr 1966 ereignete sich dieser besondere Moment im Leben des Gerhard Schürer. Ausgangs des Vorjahres hatte der gebürtige Zwickauer den Vorsitz der Staatlichen Plankommission der DDR übernommen. Schürer war damit verantwortlich für die zentrale Steuerung der Volkswirtschaft. Alsbald unternahm er eine Dienstreise in seine Heimatstadt. Drei Jahrzehnte später, beim Schreiben seiner Autobiografie, hielt der Funktionär seine Eindrücke von der überaus rasanten Ausfahrt mit einem Trabi fest.

Das Sachsenring-Werk hatte 1965 damit begonnen, Wankelmotoren testweise in Trabis einzubauen. Sie besaßen wenigstens 50 PS, was einer Verdopplung der bisherigen Leistung entsprach. Die vermeintlich erfolgreiche Geschichte des Kreiskolbenmotors reicht allerdings viel weiter zurück. Der Konstrukteur Felix Wankel forschte seit den 1930er Jahren an einem Motorenkonzept, das die klassischen Hubkolbenmotoren ablösen sollte. Bei ihnen bewegen sich die Kolben in den Zylindern unablässig auf und ab. 1954 kam Wankel auf die alles entscheidende Idee. Er konstruierte eine Verbrennungskammer, deren Querschnitt einem Oval ähnelt. In ihr wiederum rotiert ein Kolben, der die Form eines bauchigen Dreiecks hat.

Jahre des Verfeinerns folgten. Wankel band sich in jener Zeit an die in Neckarsulm ansässige NSU AG. 1960 stellte er seinen Motor

So funktioniert der Wundermotor

Der Kreiskolbenmotor besteht aus dem dreiecksförmigen Läufer (Kolben), der sich innerhalb eines leicht achtförmigen Arbeitsraums dreht. Die Verbrennung läuft in vier Takten ab.

1. Takt (oberes Motiv): Das Kraftstoff-Luft-Gemisch wird angesaugt.
2. Takt (rechts): Das Gemisch wird verdichtet.
3. Takt (unten): Das Gemisch entflammt an der Zündkerze, das Volumen dehnt sich aus.
4. Takt (links): Das Abgas wird ausgestoßen.

Die Prozesse laufen permanent an jeder der drei Flanken des Läufers ab. Während einer kompletten Drehung des Läufers erfolgen also drei Verbrennungen.

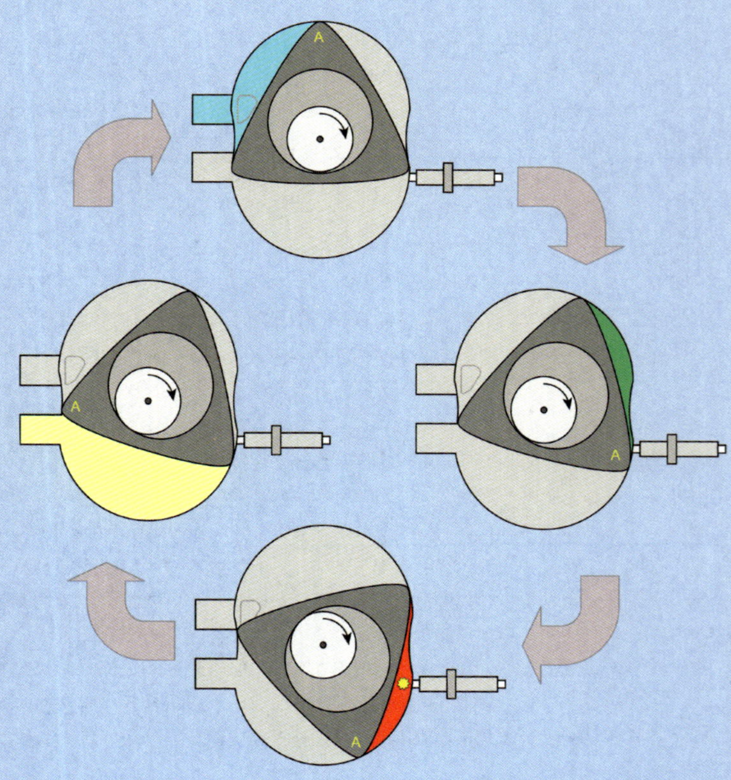

Querschnitt vom Wankelmotor

erstmals einem größerem Fachpublikum in München vor. Alsbald war in den Zeitungen von einem Wundermotor die Rede. Wankels Triebwerk war nicht nur kleiner als herkömmliche Hubkolbenmotoren, sondern zeichnete sich zugleich durch hohe Leistung und eine außergewöhnliche Laufruhe aus. Unter den Besuchern des Kongresses waren Ingenieure aus der DDR. Sie müssen den Rotationskolbenmotor geradezu als Heilsbringer für die heimische Volkswirtschaft erachtet haben. Jedenfalls bezeichneten sie die alsbaldige, eigene Entwicklung derartiger Motoren als „zwingende Notwendigkeit" für die Zukunft des ostdeutschen Automobilbaus. Sowohl die ZEK (Zentrale Entwicklung und Konstruktion für den Kraftfahrzeugbau) in Karl-Marx-Stadt als auch das Motorradwerk MZ in Zschopau stürzten sich in das Projekt. Die ersten Versuchsmuster waren noch sehr klein und leisteten lediglich 5 bzw. 8 PS. Währenddessen testete NSU bereits einen Wankelmotor im Kleinwagen Prinz.

Die Hoffnungen in der DDR waren enorm. Der Wankelmotor, der hier als Kreiskolbenmotor – kurz: KKM – bezeichnet wurde, sollte nicht nur den Trabi antreiben. Auch im Wartburg und im Kleintransporter Barkas wollte man ihn einsetzen, vor allem aber im Perspektiv-Pkw. So nannte man seinerzeit jene Fahrzeug-Generation, die spätestens Ende der 1960er Jahre den Trabant ablösen sollte. Allerdings stießen die ostdeutschen Konstrukteure schon bald an ihre Grenzen. Ihre zahlreichen Versuchsmotoren erreichten nicht die erforderliche Standfestigkeit. Andererseits nahm NSU 1964 die

Produktion des weltersten Serienautos mit Wankelmotor auf („Spider“). In dieser Situation entschloss sich die DDR, westdeutsche Patente zu erwerben. Zu Jahresbeginn 1965 wurde eine Lizenzvereinbarung mit NSU geschlossen. Sie bescherte dem Zwickauer Sachsenring-Werk jedoch keine fertigen Motoren, sondern lediglich Know-how für die eigene Entwicklungsabteilung.

Damit befanden sich die Sachsen in illustrer Gesellschaft. Renommierte Hersteller investierten beträchtliche Forschungsgelder in Rotationskolbenmotoren. Allen voran Mazda und Daimler-Benz, Alfa Romeo und Rolls-Royce, Toyota und Ford. 1967 debütierte bei NSU die Limousine „Ro-80“ mit einem Wankelmotor. Mazda brachte im gleichen Jahr den Supersportwagen „Cosmo Sport 110S“ heraus. Er kombinierte futuristische Formen mit überlegenen Fahrleistungen. Zeitgenössische Medien verglichen das Gefühl an Bord eher mit Fliegen als mit Fahren, nicht zuletzt durch die turbinenartige Laufkultur des Wankelmotors.

Derweil standen die DDR-Ingenieure vor enormen technischen Hürden. Neben der weiterhin unzureichenden Standfestigkeit ihrer Motoren bereitete ihnen die Kühlung allergrößte Probleme. Daraufhin zogen die Verantwortlichen im Jahr 1968 die Notbremse. Das Projekt wurde gestoppt, im Folgejahr kündigte die DDR den Lizenzvertrag mit NSU. „Es war also keine politische Willkür, dass dieses Projekt keine Zustimmung fand“, resümierte Gerhard Schürer, damals Chef der Staatlichen Plankommission, drei Jahrzehnte später. In ihrem Scheitern waren die Ostdeutschen nicht allein. Auch die meisten anderen Pkw-Hersteller kapitulierten vor den Herausforderungen des Wundermotors. Nach ihrer Fusion mit Audi stellten auch die NSU-Werke ihre Wankelprojekte ein. Anders Mazda: Die Japaner bauten bis ins 21. Jahrhundert hinein rund zwei Millionen Autos mit Wankelmotor.

In Zwickau hat die Karosserie eines Versuchsfahrzeug aus den 1960er Jahren die Zeitläufe überdauert. Der Internationales Trabant Register e. V. hat damit begonnen, den Wagen wieder in den originalgetreuen Zustand zu versetzen. Den KKM steuert die neugegründete Wankel AG aus dem nahegelegenen Kirchberg bei.

Wie viel Trabi steckt im Golf?

Was war zuerst da – Huhn oder Ei? Die uralte Streitfrage kennt ihre automobile Entsprechung. Immer wieder ist zu hören und zu lesen, dass das Design des VW Golf von Studien eines Trabi-Prototypen inspiriert sei. Das ist aus sächsischer Perspektive durchaus eine schmeichelhafte Geschichte. Aber ist sie auch stimmig?

Ausgangs der 1960er Jahre war die automobile Welt im Wandel – nicht nur in Deutschland, aber da ganz besonders. Sowohl in der DDR als auch in der Bundesrepublik stellte sich immer drängender die Frage, wie die Nachfolger von Trabant und Käfer beschaffen sein sollten. Dabei ging es bei weitem nicht nur ums Design, sondern erst recht um das, was unterm Blech- bzw. Duroplast-Gewand stecken würde.

Längst hatte sich der Zweitaktmotor des Trabis technisch überlebt. Fahrwerk und Bremsen mussten dringend modernisiert bzw. durch Neuentwicklungen ersetzt werden. Auch Volkswagen stand vor einem Paradigmenwechsel. Der Käfer-Nachfolger sollte statt eines Heck- über einen Frontantrieb verfügen. Ebenso galt es, den bisherigen Boxermotor auszurangieren.

Zur Jahreswende 1966/67 nahm die Entwicklungsabteilung des Sachsenring-Werks das Projekt „603“ in Angriff. Offiziell hatte die VVB Automobilbau dazu den Auftrag erteilt; dieser Industrieverband war Teil des planwirtschaftlichen Systems in der DDR. Der neue Pkw sollte ein Dreitürer sein, also über zwei Seitentüren sowie eine große Heckklappe verfügen. Kurzum: Der Trabi-Nachfolger war damit als Schräg- bzw. Vollheck-Karosserie definiert.

Woher stammte diese wegweisende Idee? Die Antwort lässt sich bereits in einer 1965 erschienenen Ausgabe der ostdeutschen Fachzeitschrift „KFT“ (Kraftfahrttechnik) entdecken. Anlässlich des Debüts des Renault „R 16“, einer Limousine mit Schrägheck, hieß

Alle Prototypen des Trabi-Nachfolgers „P 603“ wurden auf staatliche Order hin vernichtet.

es in dem Blatt: „Renault stellt mit dem R 16 nicht nur schlechthin ein neues Fahrzeug vor; das französische Automobilwerk setzt vielmehr neue Maßstäbe, und zwar nicht nur für die Mittelklasse. Die kompromisslose Hinwendung zur Vollheckbauweise und zum Frontantrieb gab den Weg frei zu einem Pkw mit optimalen Innenmaßen." Schließlich prophezeite die Zeitschrift sogar: „Es ist durchaus denkbar, dass diese heute noch ungewöhnlich wirkende Heckform zur normalen Gestalt zukünftiger Pkw gehören wird." Zu diesem Zeitpunkt gab es schon ein weiteres Modell mit Vollheck. Die Fiat-Tochter Autobianchi hatte 1964 den Primula vorgestellt.

Die Designer des „603" ließen im Rahmen der Maßgaben ihrer Kreativität freien Lauf. Zwar blieb kein einziger ihrer Prototypen erhalten, dafür aber Fotos und Skizzen. Sie zeigen einen kompakten Wagen, der für damalige Verhältnisse äußerst frisch und modern wirkt. Überliefert ist ebenso, dass im Lastenheft der Sachsenring-Konstrukteure stand, den „603" für den Einsatz verschiedener Motoren vorzubereiten. Immerhin neun Testfahrzeuge wurden gebaut. Eines verfügte über einen Zweitakter von Wartburg, sechs über Viertakter von Skoda sowie zwei über Kreiskolbenmotoren.

Nach gut zwei Jahren kam das Aus für den „603". Günter Mittag, seines Zeichens oberster Funktionär der realsozialistischen Planwirtschaft, verfügte im Herbst 1968 höchstpersönlich: Alle Prototypen sind zu vernichten. Dass die DDR nicht in der Lage war, die erforderlichen Investitionen für die Produktion des „603" zu stemmen, gilt als offenes Geheimnis. Mehr als sieben Milliarden Mark waren für den Aufbau der erforderlichen Produktionsanlagen veranschlagt worden.

Die Sachsenring-Entwickler wollten sich mit dieser Entscheidung nicht abfinden, erreichten aber in der Sache nichts. Chefkonstrukteur Werner Lang bekam vielmehr den langen Arm der Staatsmacht zu spüren. Er wurde für zwei Jahre nach Ludwigsfelde versetzt, wo die DDR ihre Lkw-Produktion konzentriert hatte.

Wenige Wochen vor dem Aus für den „603" nahm Renault die Produktion des kompakten Schrägheck-Modells „R 6" auf. Fast zeitgleich entstanden bei Volkswagen die ersten Studien eines Käfer-

Porsche entwarf den „EA 266“ als Käfer-Nachfolger. Zwei Exemplare blieben erhalten.

Nachfolgers. VW beauftragte damit auch externe Partner. So ging der Entwicklungsauftrag „EA 266“ an Porsche. 1969 stand dieser Prototyp eines Kompaktwagens auf Rädern. Sein unter der Rückbank platzierter Vierzylinder leistete 100 PS und beschleunigte den Wagen auf bis zu 189 km/h. Aus dem gleichen Jahr stammt der „EA 276“, der bereits die meisten Merkmale des späteren Erfolgsmodells vereint. Dazu gehören Frontmotor und Frontantrieb sowie das Schrägheck mit großer Heckklappe. Sogar das kantige Styling gemahnt an das spätere, vom italienischen Stardesigner Giorgetto Giugiaro geprägte Design. Bis zum tatsächlichen Serienstart sollte es aber noch eine gefühlte Ewigkeit dauern. Volkswagen modernisierte zunächst andere Baureihen. Der erste Golf lief im März 1974 vom Band.

Zu diesem Zeitpunkt sah der Trabant „601“ noch immer aus, wie er schon seit zehn Jahren aussah – und wie er weitere 17 Produktionsjahre aussehen sollte.

Duroplaste ade! Ach ja?

1973 zeichnete sich mehr als nur eine bloße Modellpflege beim Trabant ab. Die Machthaber der DDR beschlossen einmütig, dass der Trabi künftig mit Viertaktmotor sowie Ganzstahlkarosserie gebaut werden soll. Anhand von als vertraulich deklarierten Dokumenten lässt sich nachvollziehen, warum das ehrgeizige Projekt letztlich Totalschaden erlitt.

Das Jahr 1973. In der Geschichte der DDR ragt es gleich mehrfach heraus. Drei Millionen Menschen strömen ab März in die Kinos, um „Die Legende von Paul und Paula“ zu sehen. Die Filmmusik („Geh zu ihr“) verhilft den Puhdys zu ihrem Durchbruch. Währenddessen beginnt in Helsinki die Konferenz für Sicherheit und Zusammenarbeit in Europa. Im Verlauf des sogenannten KSZE-Prozesses wird die DDR international als Staat anerkannt. Im Juli und August steht Berlin regelrecht Kopf: Während der X. Weltfestspiele kommen rund acht Millionen Menschen zusammen. Schließlich stirbt Walter Ulbricht, der bereits zwei Jahre zuvor als Staats- und Parteichef von Erich Honecker entmachtet worden war. Im November wird auf dem Gelände des gesprengten Berliner Stadtschlosses der Grundstein für den Palast der Republik gelegt. Im gleichen Monat verlässt der millionste Trabant das Zwickauer Werk. Nicht zuletzt fallen im Politbüro der Staatspartei SED auch noch wegweisende Beschlüsse zur weiteren Autoproduktion …

23 Funktionäre gehören zu diesem engsten Führungskreis der DDR; es sind ausnahmslos Männer. 21 dieser Herren kommen am 17. Juli 1973 zu ihrer wöchentlichen Sitzung zusammen, zwei sind entschuldigt. Wenigstens darf eine Frau das Protokoll führen. Als es um den vierten Tagesordnungspunkt geht, notiert ebendiese Gisela Glende: „Die Konzeption über die weitere Entwicklung der Pkw-Produktion in der DDR nach 1975 wird zustimmend zur Kenntnis genommen.“ Obwohl dieser Satz unverbindlich klingt, steht er für bahnbrechende Entscheidungen – sowohl allgemeiner als auch

konkreter Art. So dekretiert die Männerrunde: „Öffentlicher Verkehr und Individualverkehr sind zur Befriedigung spezifischer Bedürfnisse notwendig und deshalb entsprechend den volkswirtschaftlichen Möglichkeiten zu entwickeln.“ Deshalb soll die Jahresproduktion an Personenkraftwagen binnen eines Jahrzehnts von bislang knapp 150.000 auf 230.000 hochgefahren werden. Das Politbüro stimmt zugleich dagegen, dass künftig nur noch ein einziger Pkw-Typ hergestellt wird, was zuvor immer mal wieder zur Debatte gestanden hatte. Vielmehr müsse es sowohl für den Trabant als auch für den Wartburg jeweils eigene Nachfolger geben. Die Zielvorstellung ist klar umrissen: Beide Autos sollen 1979 erstmals vom Band laufen.

Die Machthaber sind sich der damit verbundenen Herausforderungen vollauf bewusst. So heißt es im Protokoll: „Der Kleinwagen Trabant wurde 1954/55 entwickelt. Die Möglichkeiten der Weiterentwicklung sind weitgehend ausgeschöpft; dies betrifft sowohl konstruktive als auch technologische Gesichtspunkte.“ Kurzum: Ein völlig neu konstruiertes Auto muss her, ebenso ein neues Design. Der künftige Trabi soll als Fließheck-Limousine gebaut werden. „Von der duroplastbeplankten Stahlkarosserie ist auf eine Ganzstahlkarosserie überzugehen, da die technologischen Vorteile der Verarbeitung so bedeutend sind, daß der Mehrbedarf an Stahlblech in Kauf genommen werden sollte.“ Als Motor favorisiert das Politbüro einen Viertakter mit vier Zylindern sowie 40 bis 45 PS. Ausdrücklich fordern die Genossen, dass „die zukünftigen Forderungen des Umweltschutzes an die Abgasemission von Pkw-Otto-Motoren“ berücksichtigt werden müssen. Der aktuelle Trabant-Motor sei zu laut und verbrauche zu viel Kraftstoff. Auch „die Beseitigung der Abgasfahne“ gehört zu den erklärten Zielen.

Die Motoren möchte die DDR aus der CSSR beziehen. Am liebsten wäre dem Politbüro der Einkauf jenes Vierzylinders, der bereits im Basismodell des Skoda „100“ eingesetzt wird. Auch Scheibenbremsen sollen aus dem Nachbarland importiert werden. Für den Fall, dass die CSSR den Skoda-Motor nicht bereitstellen könne, diskutiert das Politbüro eine Alternative. Dann werde der bisherige

RABANT
P 603
P 760
P 1100/1300
P 601 PICK-UP

Vom „P 610“, der später auch „P 1100“ hieß, wurden immerhin 20 Funktionsmuster gebaut. Im Hintergrund ist ein zweifarbig lackierter „P 610 WE II“ zu sehen, den der VEB Sachsenring zu Beginn der 1980er Jahre entworfen hatte. Auch dieses Projekt wurde nie in die Serienproduktion überführt.

Dreizylinder-Zweitakter aus dem Wartburg im Trabi verbaut. Das hätte aber auch zur Folge, dass die Leistung dieses Motors für den Wartburg-Nachfolger gesteigert werden muss, um den „Gebrauchswertunterschied" zum kleineren Trabant zu wahren. Angesichts all dieser Unwägbarkeiten halten die Machthaber in ihrem Beschluss zwei weitere Optionen fest. Sie möchten mit weiteren sozialistischen Ländern mögliche Kooperationen besprechen. Zum anderen erachten sie Verhandlungen „mit kapitalistischen Ländern über Lizenzproduktion von Motoren" als möglich.

Auf drei Milliarden Mark schätzt das Politbüro die für die Modernisierung der Autoproduktion erforderlichen Investitionen. Allein zwei Milliarden seien für den Trabi erforderlich. Noch dazu, so die Prognose, habe die Zahl der Beschäftigten im Automobilwerk Zwickau von 8781 auf 12.125 zu steigen.

Mit diesem Sachstand beginnt 1973 in Zwickau die Entwicklung des Trabi-Nachfolgers. Er erhält den Arbeitsnamen „P 610", später wird er auf „P 1100" getauft. Die Konstrukteure können sich auf Erfahrungen stützen, die sie mit verschiedenen Prototypen gesammelt haben. Da war zunächst der 1968 gestoppte „P 603". Nach ihm hatten die Zwickauer drei Jahre am RGW-Auto „P 760" gearbeitet. Das Kürzel RGW steht für den Rat für gegenseitige Wirtschaftshilfe. Diese Organisation koordinierte die planwirtschaftlich geführten Volkswirtschaften der sozialistischen Länder. Der „P 760" sollte in enger Kooperation von DDR und CSSR entwickelt werden. Vier Funktionsmuster waren in Zwickau gefertigt worden. Es handelte sich jeweils um dreitürige Fließheckkarosserien.

Während in den Ingenieurbüros der „P 610/1100" immer mehr Gestalt annimmt, geht es auch auf politischer Ebene voran. Im Juni 1975, also fast genau zwei Jahre nach dem Politbüro-Beschluss zum Bau eines Trabi-Nachfolgers, schließen die DDR und die CSSR ein Regierungsabkommen. Es regelt „die Zusammenarbeit auf dem Gebiet der Entwicklung und Erzeugung von Personenkraftwagen". Die Freude ist freilich von vornherein getrübt. Das ursprüngliche Ziel, den neuen Trabi ab 1979 zu bauen, wird verworfen. Mittlerweile peilen die Planwirtschaftler 1983 an. Dabei bleibt es aber nicht. Gerade mal ein Jahr nach Abschluss des Abkommens wird der Produktionsstart auf Drängen der DDR erneut verschoben – nun auf 1984. Das entsprechende Politbüro-Protokoll führt „gesamtvolkswirtschaftliche Probleme" an. Vor deren Hintergrund müssen alle Investitionen in die Pkw-Produktion geprüft werden. Derzeit seien sie „volkswirtschaftlich nicht realisierbar". Den Partnern in der CSSR bleibt nichts anderes übrig, als der Bitte der DDR um Aufschub zuzustimmen.

Ein weiteres Jahr vergeht, in dem scheinbar alles nach Plan verläuft. Daraufhin legt sich das Politbüro am 4. September 1977 fest: Der Trabant-Nachfolger soll definitiv ab 1984 gebaut werden. Das Dokument wird als Vertrauliche Verschlusssache deklariert. In dem Papier heißt es: „Für die Bevölkerung und für den Export wird ein Spitzenprodukt bereitgestellt. Es ist gekennzeichnet durch hohen Fahrkomfort, einen 4-Takt-Motor mit geringem spezifischem Kraftstoffverbrauch, hoher Zuverlässigkeit und geringem Wartungs- und Instandsetzungsaufwand sowie einem Höchstmaß an aktiver und passiver Sicherheit."

Zwei Jahre später zerplatzt der Traum vom Spitzenprodukt wie eine Seifenblase. Wieder ist es das Politbüro, das die maßgebliche Entscheidung trifft. Am 6. November 1979 beschließt es: „Die Produktion der Pkw Wartburg und Trabant ist bei Erhöhung ihrer Gebrauchswerteigenschaften über das Jahr 1985 hinaus weiterzuführen (...) Der gegenwärtige Stand der Arbeiten am Fünfjahrplan 1981/85 zeigt, daß es volkswirtschaftlich nicht möglich ist, im Zeitraum bis 1985 gleichzeitig die materiellen Voraussetzungen zur Einführung neuer Nkw und eines neuen Pkw zu schaffen." Es geht um 18 bis 22 Milliarden Mark, die die DDR zur gleichzeitigen Umsetzung beider Ziele benötigt, aber nicht aufbringen kann. In dieser Situation setzt das Parteigremium klare Prämissen: Die Mittel sind vorrangig für die Produktionsaufnahme eines Nkw – gemeint ist der Nutzkraftwagen „L 60" – in Ludwigsfelde (bei Berlin) einzusetzen. Deshalb ist es erforderlich, „die Arbeiten an der Entwicklung des neuen Pkw P 1100 einzustellen."

Das Blaue vom Himmel

I'm in love with my car. Nicht nur die Rockband Queen hat dem Auto ihre Liebe auf musikalische Weise erklärt. Auch die Rolling Stones, Janis Joplin und die Beatles haben das Autofahren besungen. Es gibt Hunderte solcher Songs – selbstverständlich auch einen über den Trabant.

Musik und Autos gehören einfach zusammen. Nur die allerwenigsten Fahrer drehen ihre Autoradios nicht auf. Manche Songs möchten wir laut mitsingen, etwa wenn ein über beide Ohren verknallter Billy Ocean schmachtet: „Get outta my dreams, get into my car". Dagegen tendiert die Wahrscheinlichkeit gegen Null, dass wir gemeinsam mit Sonja Schmidt „Ein himmelblauer Trabant" trällern. Ihr Schlager dudelt leider so gut wie nie im Radio.

Das war 1971 noch anders. Damals wurde „Ein himmelblauer Trabant" in der DDR zum zweitbesten Schlager des Jahres gekürt. Sonja Schmidt singt davon, dass sie während eines Gewitterregens als Tramperin unterwegs ist. Sie winkt den Autos und eines, ein kleines, hält an, ein himmelblauer Trabant. Trübe und grau ist an diesem Tag wirklich nur der große Himmel, und natürlich gibt es am Ende ein Küsschen ...

Moment mal, himmelblau? Existierten überhaupt derart lackierte Trabis? Jedenfalls wurde unter dieser Bezeichnung keine Original-Lackierung für den Trabant angeboten. Den „P 50" hatte es zwar in Lichtblau gegeben. Offiziell lieferbar waren seit 1964 allerdings nur pastellblaue „601", entweder in Uni-Lackierung oder in Kombination mit Pastell- oder Polarweiß. Ab 1978 wurden auch kristallblaue Autos ausgeliefert; der Farbton kommt dem Himmelblau sehr nahe. Gut möglich, dass diese Farbgebung ausgerechnet von Sonja Schmidts Schlager inspiriert war.

Trällerte vom Trabant: Sonja Schmidt

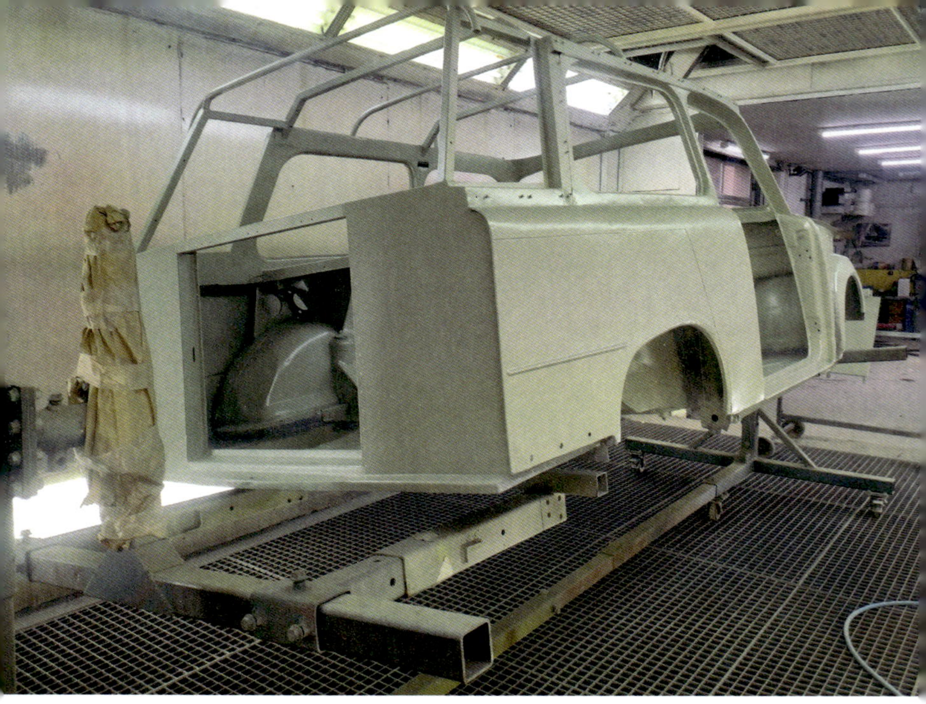

Michael Möbius restauriert die Karosserie von Grund auf. Der feste Dachrahmen ist etwas ganz Besonderes.

Der große Unbekannte

Das Universum, so heißt es, ist unendlich. Ganz anders scheint es um die Welt des nach einem Satelliten benannten Trabant bestellt zu sein. Sie gilt als ziemlich überschaubar. Und doch tauchen in diesem besonderen Universum mitunter Fahrzeuge auf, die selbst Kenner staunen lassen. Dazu gehört ein Kübel.

„Wer? Wann? Warum und wieso? Das sind Fragen, die ich nicht beantworten kann." Michael Möbius ist ein Mann der klaren Worte. Er weiß sehr wohl, dass er einen ganz besonderen Trabi besitzt. Viel mehr weiß er freilich auch nicht. Besser gesagt: Viel mehr weiß er noch nicht ...

Seit dem Jahr 2019 versucht er, das Geheimnis um einen Kübel zu lüften. Im Jahr zuvor war ihm das Auto angeboten worden. Michael Möbius sagte spontan Nein. Immerhin hatte er bereits ein solches Armeefahrzeug restauriert und umgebaut. Warum also sollte er sich einen zweiten Kübel zulegen? Nichts sprach dafür – bis zu jenem Moment, in dem er das erste Foto dieses Trabis sah. Dessen Karosserie unterschied sich erheblich von jener der weithin bekannten Kübel. Die Armee- und Forstmodelle verfügen über einen offenen Einstieg und über ein Hilfsgestänge zur Befestigung des Verdecks. Ganz anders dieser Kübel: Er besitzt echte Türen sowie einen festverschweißten Dachrahmen, der das Verdeck trägt.

Hatte sich hier ein unbekannter Bastler ausgetobt? Eher nicht, sagt Michael Möbius. Er vermutet, dass dieser Kübel in einer Kleinserie gebaut worden ist. Sowohl die Fahrgestellnummer als auch die Originalpapiere stützen diese Annahme. So verweist die Fahrgestellnummer auf die Kübelproduktion des Jahres 1975. In jenem Jahr waren 403 Armee-Versionen sowie 145 offene Trabis für die Landwirtschaft produziert worden. Möbius' Auto wurde ausgangs des Jahres 1975 vom VEB Energiebau Radebeul erstmals zugelassen. Hatte der volkseigene Betrieb einen gewissen Bedarf an Spezialfahrzeugen? Offenbar ja, wie sich inzwischen herausgestellt hat. Der neue Besitzer dieses Wagens ist bei seinen Recherchen auf historisches Bildmaterial gestoßen. Die Fotos zeigen einen ähnlichen Kübel, an dem zwei Energiewirtschaftler offenbar zu Werbezwecken posieren.

Kann es sich dabei um Michael Möbius' Auto handeln? Ganz klar: Nein. Das Auto auf den Fotos ist grasgrün, währenddessen die Originalfarbe seines Trabis grau war. Auch die Karosserie ist teils anders aufgebaut. Bis zum Jahresende 2021 konnte er ein zweites, noch erhaltenes Auto dieser Kleinserie ausfindig machen. Das stimmt ihn optimistisch, dass sich eines Tages das Mysterium um diese eventuell seltenste aller Karosserieversionen des Trabis doch noch aufklären lässt.

„Die größte Fehlentscheidung“

Wer zu spät kommt, den bestraft das Leben. Am 7. Oktober 1989 ging dieser Satz um die Welt. Der sowjetische Staatschef Michail Gorbatschow forderte damit die Machthaber der DDR zu Reformen auf. Ob dies stimmt, ist umstritten. Fest steht aber: Diese Worte passen perfekt zum zeitgleich debütierenden Trabant „1.1“.

Endlich ein Viertakter! Das Jahr 1989 schien für den Trabant ein großes zu werden. Nach Jahrzehnten, in denen das Auto kaum modernisiert worden ist, wurde es auf der Leipziger Herbstmesse mit einem modernen 40-PS-Motor vorgestellt. Doch spätestens bei genauerem Hinsehen begann sich die Freude zu trüben. Abgesehen von leichten Retuschen sah der Neue noch immer aus wie der Alte. Andererseits sollte der „1.1“ in der Grundausstattung stolze 19.865 Mark kosten, rund 8000 Mark mehr als bisher.

1983 hatte das Politbüro der SED beschlossen, dem VW-Konzern eine gebrauchte Fertigungsanlage für Motoren abzukaufen. Das Hoffen war groß, so doch noch Anschluss an das westliche Niveau zu erreichen. Was für ein Trugschluss! Rückblickend gestand Gerhard Schürer, Chef der Staatlichen Plankommission, der Vertragsabschluss „war die größte Fehlentscheidung in der Geschichte der DDR auf wirtschaftlichem Gebiet“. Das lag freilich nicht an VW, sondern an eigenen Fehlkalkulationen. Die ursprünglich veranschlagten Investitionen betrugen 3,7 Milliarden Mark; am Ende kostete das Projekt die DDR aber das Doppelte. Ein neues Design konnte man sich auch deshalb nicht leisten.

Als die Serienproduktion des „1.1“ im Mai 1990 startete, stand die Währungsunion unmittelbar bevor. Gegen die Vielzahl der nun verfügbaren Westautos hatte der Trabi keinerlei Chance. Er war zu spät gekommen, das Leben bestrafte ihn. Nach nicht mal einem Jahr endete die Produktion.

„Ich liebte Euch doch alle!“

1991 gingen Fotos des letzten Trabis um die Welt. Im Hintergrund sind zwei Arbeiter zu sehen, die ein Spruchband mit einem Gruß „an die lieben alten Genossen“ hochhalten. Drei Jahrzehnte später kann man diesen Gruß durchaus missverstehen. In Wahrheit stecken Hohn und Spott in ihm.

Am 30. April 1991, exakt um 14.51 Uhr, rollte der letzte Trabant vom Montageband in Zwickau. Vor dem pinkfarbenen Kombi waren immerhin 3.096.098 Trabis gebaut worden. Am Tag darauf wurde Baunummer 3.096.099 offiziell verabschiedet. Der Kombi sollte nicht verkauft werden, sondern direkt ins Museum rollen. Deshalb versammelten sich nicht nur Fotografen und Journalisten, sondern ebenso Mitarbeiter des Sachsenring-Werks. Zwei von ihnen hielten ein selbstgefertigtes Spruchband in die Höhe: „Letzter Gruss. Anläßlich meines Ablebens am 30.04.1991 bitte ich alle mir zugedachten Beileidsbekundungen in Form von Blumen und Geldspenden an die lieben alten Genossen: Honecker, Mittag, Tisch, Mielke, Voigt, Repmann und Hipp zu richten! Ich liebte Euch doch alle! Tschüß Euer Trabi.“

Sowohl der letzte Trabi als auch das Transparent haben die Zeitläufe überdauert. Sie gehören im Zwickauer Horch-Museum zu einem Arrangement, dass die Szenerie vom 1. Mai 1991 nachbildet. Doch wie ist es um den letzten Gruß eigentlich bestellt?

Die Namen bezeichnen zum einen die mächtigsten Männer der DDR, zum anderen aber auch örtliche Funktionäre. Allen voran Erich Honecker. Er war sowohl Chef der Staatspartei SED als auch ranghöchster Staatsmann der DDR. Zu seinen engsten Vertrauten gehörte Günter Mittag, der seit 1963 die Wirtschaftspolitik des Landes verantwortet hatte. Mittag setzte nicht nur die zentral gesteuerte Planwirtschaft um, sondern

Der letzte Trabi wird im Horch-Museum ausgestellt. Er ist am 30. April 1991 nur wenige Meter entfernt im Sachsenring-Werk montiert worden.

bremste auch höchstpersönlich immer wieder die dringend erforderliche Modernisierung des Trabis aus. Dass dafür nicht nur finanzielle Engpässe den Ausschlag gaben, steht außer Frage. Immerhin war Mittag der Meinung, dass Trabant und Wartburg in ihren damaligen Ausführungen für die Bevölkerung völlig ausreichten. Ihm wird in diesem Zusammenhang die Äußerung zugeschrieben: „Wir leben in einem Arbeiter- und Bauernstaat, da brauchen wir keine Autos für Playboys." Offenbar fand er mit diesem abstrusen Argument auch Gehör bei Erich Honecker.

Pikanterweise waren die führenden Genossen von Staat und Partei selbst keine Trabi-Fahrer. Sie nutzten zunächst russische Tschaika-Limousinen, ehe sie in den 1970er Jahren auf Spezialanfertigungen westlicher Pkw umstiegen. So ließ sich Erich Honecker in einem Volvo 264 TE (Top Exclusive) chauffieren, ehe er einen Citroën CX Prestige zu bevorzugen begann. Bei beiden Modellen handelte es sich um Stretch-Limousinen.

Mit Stasi-Minister Erich Mielke wurde auf dem Spruchband ein weiterer Spitzenfunktionär benannt. Er hatte wenige Tage nach dem Mauerfall im November 1989 einen bizarren Auftritt in der Volkskammer, dem Parlament der DDR. Am Rednerpult versuchte er, den von ihm organisierten Überwachungsapparat zu rechtfertigen. Alsbald begann Mielke zu stammeln: „Ich liebe ... Ich liebe doch alle ... alle Menschen. Na, ich liebe doch ... Ich setzte mich doch dafür ein!" Aus diesen Sätzen entstand eine weithin bekannte Kurzform: „Ich liebe Euch doch alle!" Insofern bedeutete die Aufnahme dieser Worte auf das Spruchband – wenn auch in einer minimal abweichenden Form (liebte statt liebe) – eine weitere, unmissverständliche Anspielung auf das Staatsversagen in der DDR.

Bei den anderen namentlich erwähnten Genossen handelt es sich um den Gewerkschaftschef Harry Tisch, um Dieter Voigt, Generaldirektor des VEB IFA-Vertriebs, um den Zwickauer Oberbürgermeister Helmut Repmann sowie um Günter Hipp, den Direktor des Automobilwerks.

Der Trabi. Eine Zeitreise

1904 In Zwickau trägt sich die August Horch & Cie. Motorwagenwerke AG ins Handelsregister ein. Sie nimmt den Bau von Automobilen auf.

1909 August Horch gründet ebenfalls in Zwickau die Audi Automobilwerke GmbH.

1930 Die Zschopauer Motorenwerke beauftragen das Audi-Werk mit der Entwicklung eines Kleinwagens, der von einem Zweitakter mit zwei Zylindern angetrieben werden soll. Im Folgejahr erscheint der „DKW F 1“. Er ist sozusagen der Urgroßvater des Trabis. Bis Kriegsbeginn folgen die Baureihen „F 2“, „F 4“, „F 5“, „F 7“ und „F 8“. Der „F 9“ entsteht nur als Prototyp.

1931 – 1932 Die sächsischen Marken Horch, Audi, Wanderer und DKW schließen sich zur Auto Union zusammen. Firmensitz ist Chemnitz. In den Folgejahren stellen Rennwagen der Auto Union, die in Zwickau gebaut werden, mehrere Weltrekorde auf. So durchbricht Bernd Rosemeyer als erster Mensch die Schallmauer von 400 km/h auf einer öffentlichen Straße.

1945 Nach dem Ende des Weltkriegs gehört Zwickau zur sowjetischen Besatzungszone. Die Automobilwerke werden teils demontiert, teils arbeiten sie im Auftrag der Besatzer als Reparaturbetriebe.

1947 In Zwickau beginnen die unmittelbaren Vorbereitungen, um die Pkw-Produktion wieder aufzunehmen. Dazu gehört, den „F 9“ zur Serienreife zu bringen. Das gelingt binnen eines Jahres. Die Produktion startet aber erst 1950.

Am 7. Oktober gründet sich die DDR. Die Verfassung 1949
schreibt das Prinzip der staatlichen Wirtschaftsplanung
fest.

In den USA wird erstmals ein Auto mit Kunststoff- 1953
Karosserie in Serie gebaut, die Chevrolet Corvette.

Der Ministerrat der DDR beschließt den Bau eines neu zu 1954
entwickelnden Kleinwagens „P 50“. Das Auto soll einen
Zweizylinder-Motor erhalten. Angesichts des Mangels an
Spezialblechen müsse die Karosserie mit alternativen
Materialien verkleidet werden.

Die Serienproduktion des „P 70“ mit Duroplast-Karosserie 1955
startet. Der Kleinwagen basiert auf dem Vorkriegsmodell
„F 8“. Er ist als Zwischenlösung für den noch in Entwicklung
befindlichen „P 50“ gedacht.

Die Nullserie des Trabant „P 50“ läuft am 7. November an. 1957

Die ersten Modelle des „600“ werden gebaut. 1962

Die Serienproduktion des „601“ beginnt. 1964

Die Sachsenring-Konstrukteure bauen testweise 1965
Wankelmotoren in Trabis ein.

.... 1968 Die Machthaber der DDR stoppen nach zwei Jahren intensiver Entwicklung die Weiterarbeit am Trabi-Nachfolger „P 603“. Auch das Wankelprojekt wird eingestellt.

.... 1970 Bei der Rallye Monte Carlo holt das Werksteam von Sachsenring einen Doppelsieg in der kleinsten Startklasse. Die Rallye-Trabis leisten 46 PS.

.... 1971 Sonja Schmidt singt erstmals ihren Schlager „Ein Trabant“.

.... 1973 Das Politbüro der SED beschließt den Bau eines Trabi-Nachfolgers. Er soll eine Ganzstahl-Karosserie sowie einen Viertaktmotor von Skoda erhalten. Der Produktionsstart ist für 1979 vorgesehen.

.... 1973 Der millionste Trabi läuft vom Band, ein rot-weißer „601 de Luxe“.

.... 1975 Die DDR und die CSSR schließen ein Regierungsabkommen über die gemeinsame Entwicklung und Fertigung von Pkw. Der Produktionsbeginn des Trabi-Nachfolgers wird auf 1983 festgelegt, später dann auf 1984 verschoben.

.... 1979 Angesichts finanzieller Engpässe in Milliardenhöhe stoppt das Politbüro der SED die Entwicklung des Trabi-Nachfolgers. Der Bau eines neuen Lkw erhält Vorrang.

.... 1990 Die Serienproduktion des Trabis „1.1“ mit Viertakt-Motor beginnt im Frühjahr. Die Baureihe „601“ sollte ursprünglich parallel weitergebaut werden, wird aber im Sommer eingestellt. Am 3. Oktober erfolgt die deutsch-deutsche Wiedervereinigung.

Am 30. April rollt der letzte in Serie gebaute Trabant vom Band. Insgesamt sind 3.096.099 Fahrzeuge montiert worden. 1991

„Go Trabi Go“ lockt 1,5 Millionen Zuschauer in die Kinos. Dagegen floppt „Trabbi goes to Hollywood“. 1991

Ein „601“ besteht den legendären Elchtest. 1997

In der Bundesrepublik erscheint eine Briefmarke mit einer Zeichnung des „P 50“. In der DDR hatte es keine Briefmarke zu Ehren der erstes Trabis gegeben. 2002

Auf der Internationalen Automobilausstellung (IAA) begeistert der „nT“ das Publikum. Die Studie eines „new Trabi“ wird mangels eines finanzstarken Investors nicht in Serie überführt. 2009

Unrühmliches Ende. Ab 1990 sank das Interesse am zuvor heiß begehrten Trabi rapide. Hunderttausende Autos wurden ausrangiert. Professionelle Autoverwerter und Schrottplätze waren mit der massenhaften Entsorgung teils überfordert. Vielerorts ließen Besitzer ihre Fahrzeuge einfach am Straßenrand stehen, wie hier in Dresden-Neustadt. Sie wurden ausgeschlachtet oder aber zum Ziel von Randalierern.

POPULÄRER IRRTUM

Tatü Tata, die Feuerwehr ist da!

Rückten in DDR-Zeiten auch Trabis aus, um Brände zu bekämpfen? Angesichts der Vielzahl an erhalten gebliebenen Fahrzeugen besteht daran ja wohl kaum ein Zweifel. Oder sollte es um all die Leiterwagen, Kommandofahrzeuge und Spritzenwagen doch ganz anders bestellt sein?

Mario Budach und Andreas Teufel sind nicht nur Trabi-Fans. Beide waren auch jahrelang als Feuerwehrleute aktiv. Wenn sie heutzutage gemeinsam mit ihren Trabis eine Ausfahrt durch den Breisgau starten, dann erinnert dies durchaus an alte Zeiten bei den Floriansjüngern. Budach tuckert mit seiner rot-weiß lackierten Limousine vorweg. Sie ist sozusagen der Kommandowagen. Dichtauf folgen Teufel und sein Maschinist Till Kobialka

mit einem feuerroten Löschfahrzeug. Ob Schlauch oder Spritze, ob Feuerwehr-Axt oder Atemschutzgerät, beide haben alles an Bord, was es für einen Löschangriff braucht. Allerdings haben die Sauerstoffflaschen einen Schönheitsfehler. Statt mit Atemluft sind sie mit Bier gefüllt. Aber auch damit kann man bekanntermaßen löschen, etwa den Durst neugieriger Fragesteller.

Ja, es gab bereits zu DDR-Zeiten einen Lösch-Trabi. Im Juni 1990 stellten ihn Feuerwehrleute auf dem Berliner Alexanderplatz erstmals der Öffentlichkeit vor. Allerdings handelte es sich bei dem Pickup nur um ein Spaßmobil. Kameraden aus Ost- und Westberlin hatten ihn in der kurzen Zeitspanne seit dem Mauerfall (9. November 1989) gebaut. Als Basis diente ihnen eine 17 Jahre alte Limousine. Das Berliner Vorbild weckte schon bald den Ehrgeiz vieler anderer Trabi-Fans. In den 1990er Jahren entstanden alle erdenklichen Feuerwehren. Vierachser mit Drehleiter gehörten ebenso dazu wie Spritzenwagen oder auch Mannschaftsfahrzeuge im Stretch-Format.

Im Laufe der Jahre schwappte die Begeisterung für diese Unikate vom Osten Deutschlands zusehends auch in andere Bundesländer. Mario Budach ist ein Musterbeispiel dafür. Der gebürtige Cottbuser zog der Arbeit wegen ins süddeutsche Breisgau. Seinen Feuerwehr-Trabi, den er bereits in seiner alten Heimat aufgebaut hatte, nahm er natürlich mit. Bei dessen Umbau hatte der gelernte Lackierer größten Wert auf eine extravagante Optik gelegt. Das zeigt sich nicht nur bei der Farbgebung sowie allerlei Spoilern und Schwellern, sondern auch beim Blick ins Innere. Die schwarz-roten Schalensitze sind ebenso mit Leder und Alcantara bezogen wie die Türverkleidungen. Dazu gesellen sich ein Sportlenkrad sowie diverse Einbauteile aus gebürstetem Edelstahl. Dass dieser Trabi in

Der Feuerwehr-Trabi von Mario Budach löscht nicht, sondern entfacht – und zwar Begeisterung. Die Limousine diente ihm sogar als Hochzeitskutsche.

Diesen vierachsigen Trabant mit funktionsfähiger Drehleiter baute der Thüringer Volkmar Helbing in den 1990er Jahren. Der Kfz-Schlosser hat mehr als 30 Trabis kreiert, darunter zwölf Feuerwehren. Mehrere seiner Wagen werden im Trabi-Paradies Kölleda ausgestellt.

Budachs Wahlheimat äußerst exotisch wirken würde, war ihm zwar von vornherein klar. Doch was er seither erlebt, das hatte der Cottbuser so nicht vorhergeahnt. Egal, wo er auch unterwegs ist, winken ihm Menschen zu und zücken ihre Smartphones für Erinnerungsfotos.

Seinem aus dem Breisgau stammenden Freund Andreas Teufel ergeht es kaum anders, obschon dessen Feuerwehr-Trabi von einer gänzlich anderen Machart ist. Statt mit einer Limousine fährt er mit einem Löschfahrzeug vor. Ursprünglich war dieser Trabi bei einer Feuerwehr im Berliner Umland im Einsatz – als Showcar. Als der Pickup eines Tages zum Verkauf stand, schlug Andreas Teufel kurzentschlossen zu. Seine erste größere Ausfahrt unternahm er anno 2015 anlässlich einer Feuerwehr-Parade in Bad Krozingen. Am nächsten Tag schmückte ein Foto des Trabis die Titelseite der Regionalzeitung.

Mittlerweile ist dieser Pickup aber kaum noch wiederzuerkennen. Mario Budach und Andreas Teufel haben ihn aufwändig umgebaut und modernisiert. Ein Detail freilich blieb unverändert. Noch immer ist auf dem Dach eine kleine Spritze montiert. Brände löschen kann man damit zwar nicht. Aber um während einer Parade all die staunenden Leute scherzhaft zu erschrecken, reicht die Pumpenleistung allemal.

Alles an Bord, was es für einen Löschangriff braucht. Andreas Teufel hat seinen Feuerwehr-Pickup im Jahr 2021 neu aufgebaut.

Totgeglaubte leben länger

Jedes Jahr werden etliche neue Pkw vorgestellt. Manche schreiben das Design ihrer Vorgänger fort, andere brechen radikal mit ihm. Nur die allerwenigsten Baureihen bewahren sich über 50 und mehr Jahre hinweg ihr unvergleichliches Design. Der Porsche 911 und der VW Käfer gehören dazu – sowie der Trabant.

Die Internationale Automobilausstellung – kurz: die IAA – gilt als die wichtigste Autoshow auf Erden. In diesem Schaufenster stellen die großen Konzerne gern ihre Modelle erstmals der Weltöffentlichkeit vor. Nur selten trübt sich die Jubelstimmung ein, wie etwa während der 63. IAA im Jahre 2009. Angesichts der damals grassierenden, weltweiten Absatzkrise sagten etliche Aussteller ihre Messeteilnahme ab. Plötzlich schwebte über der IAA die bange Frage: Mit welchen Autos wird es der Branche gelingen, in die Zukunft zu fahren? Zumindest die Presse war sich ziemlich einig. Nur die Elektromobilität würde aus der Sackgasse führen.

Während sich die großen Konzerne in jenem Jahr mit seriennahen E-Mobilen schwertaten, vermochte ausgerechnet der längst totgeglaubte Trabant das IAA-Publikum zu elektrisieren. In Frankfurt am Main feierte der „nT" (new Trabi) seine Premiere. Statt der bläulichen Abgasschwaden entwich seinem Auspuff nichts; der

Smiley inclusive – nur selten schauen Autos derart freundlich aus.

„nT“ besaß nicht mal einen Auspuff. Bei dem Konzeptfahrzeug handelte es sich um ein lupenreines Elektro-Auto. Einfach, robust und praktisch war der Trabant schon immer, schwärmten seine Entwickler. Nun aber sei er in Gestalt des „nT“ auch noch sparsam und ökologisch, innovativ und individuell geworden.

Das Design des „new Trabi“ stammt von Nils Poschwatta. Er hatte zuvor an Serien- sowie Konzeptfahrzeugen von VW mitgearbeitet, etwa am Scirocco und am Beetle. Poschwatta entwarf zweifellos ein modernes Auto, und dennoch ist der „nT“ unverkennbar ein Trabant. Seine Linienführung zitiert die Formensprache des „600 Kombi“ und des „601 Universal“. Wie bei diesen Vorfahren ist auch seine Karosserie frei von modischen Sicken und Kanten. Die einzige Spielerei, die sich der Designer erlaubt hat, ist der an einen Mundwinkel erinnernde Lufteinlass. Er wird nach unten breiter und verleiht dem Trabi ein freundliches Lächeln.

Den Prototypen hatte die Firma Indikar aus dem sächsischen Wilkau-Haßlau auf Räder gestellt. Indikar ist auf den Bau von Individualfahrzeugen sowie auf die Veredelung hochwertiger Autos spezialisiert, etwa von Bentley und Mercedes-Benz. Für den „nT“ war der Einbau eines 64 PS leistenden Elektromotors vorgesehen. Er sollte den Trabi auf bis zu 130 km/h beschleunigen. Viel wichtiger für den Alltag war freilich die Reichweite. Sie wurde zur IAA mit 160 Kilometer angegeben, was für die damalige Batterie-Generation respektabel war. Mit seinen vier Sitzen sowie einem zusätzlichen Kindersitz in der Mitte der Rückbank bewies der „nT“ zugleich eine ausreichende Familientauglichkeit.

Binnen dreier Jahre, so die Wunschvorstellung, sollte das Konzeptfahrzeug zur Serienreife überführt werden. Daraus sollte leider nichts werden. Die nT-Entwickler fanden keinen Investor, der für die Aufnahme der Produktion unabdingbar gewesen wäre. Laut Presseberichten lag der Finanzbedarf bei 30 Millionen Euro. Bei den großen Automobilkonzernen hatte das Trabi-Projekt von vornherein keine Chance. Sie konzentrierten sich lieber darauf, eigene E-Mobile zu entwickeln – auch wenn bis zu deren Serienproduktion teils noch rund ein Jahrzehnt vergehen sollte.

Helmut Aßmann im Jahr 2000 in seiner winzigen Gothaer Werkstatt

Der Vater der Rennpappe

Helmut Aßmann war nicht nur einer der erfolgreichsten Motorsportler der DDR, sondern auch ein begnadeter Tuner. In seiner Hobby-Werkstatt gelang es ihm, die Leistung des Trabis bis auf das Dreifache zu steigern. Kein Wunder, dass ihn die Szene als Motorenpapst verehrte.

Ohrenschützer waren für Helmut Aßmann ein Muss. Wann immer er in seiner winzigen Werkstatt die Klosettspülung rauschen ließ, setzte er sich vorsorglich Kopfhörer auf. Erst dann gab er Gas, dass die Zweitakter nur so knatterten. Räng teng teng! Der Spülkasten einer Uralt-Toilette war für den Motorenprüfstand unabdingbar. Aßmann hatte ihn zur Wasserwirbelbremse umfunktioniert, welche wiederum zur Ermittlung des Drehmoments und letztlich auch der Leistung diente. Einfach, aber genial ...

Die ersten von ihm getunten Trabi-Motoren leisteten 46 statt der serienmäßigen 26 PS. Das war zu Beginn der 1970er Jahre. Aßmann kitzelte immer mehr Leistung aus dem Zweizylinder heraus, Pferdestärke um Pferdestärke. 20 Jahre später langte er bei 80 PS an. Die Kraftkur hatte er vor allem mit Hilfe einer modifizierten Kurbelwelle sowie Änderungen am Ansaug-, Spül- und Abgassystem bewerkstelligt.

Der 1927 geborene Helmut Aßmann kam in den Nachkriegswirren aus Schlesien nach Thüringen. Das Städtchen Gotha wurde zur Wahlheimat. Seine Rennkarriere begann in den 50er Jahren im Motorradgeländesport. Aßmann fuhr eine Zündapp „350“ aus Vorkriegszeiten. Schon bald wechselte er zu Straßenrennen und stieg auf MZ-Modelle um (Motorradwerke Zschopau). Der Gothaer sammelte in dieser Zeit erste Erfahrungen mit dem Tuning. Er steigerte die Leistung eines 125-ccm-Motors von 10 auf 30 PS.

1968 und 1969 startete der Physiklehrer mit einem Trabant „601“ bei Bergrennen, ehe er auch auf der Rundstrecke anzutreten begann. Bei 198 nationalen und internationalen Tourenwagen-Rennen holte er 111 Siege. 1973, 1974 und 1978 wurde er DDR-Meister. Danach zog sich Helmut Aßmann als Fahrer zurück, blieb aber dem Sport als Rennleiter sowie Tuner treu. Den 600er Trabi-Motor machte er derart leistungsstark und standfest, dass ihn die Szene immer mehr als Motorenpapst verehrte. Obwohl er sich 1993 bereits im Rentenalter befand, begründete Helmut Aßmann mit dem Trabant-Lada-Racing-Cup (TLRC) noch eine neue Serie. Die damaligen Rennpappen waren rund 180 km/h schnell.

Der Motorenpapst starb 2010. Ein Jahr später wurde ihm zu Ehren eine Gedenktafel am Schleizer Dreieck gesetzt. Hier, auf dem ältesten Straßenrundkurs Deutschlands, hatte Helmut Aßmann einst Hunderttausende Zuschauer begeistert.

„Hut ab! Unglaublich!“

Die Rallye Monte Carlo gilt vielen Motorsportfans als das legendärste aller Autorennen. Von 1968 bis 1973 nahmen auch Trabis an der Wettfahrt teil. Obwohl sie schwächer motorisiert waren als alle anderen Teilnehmer, gelang den Zwickauer Motorsportlern ein Doppelsieg in ihrer Startklasse.

Am 27. Januar 1970 veröffentlichte die Tageszeitung „Neues Deutschland“ im Sportteil ein für diese Seite eher ungewöhnliches Foto. Statt einem Sportler in Aktion erblicken wir lediglich ein Passbild. Es zeigt einen streng gescheitelten Herrn in Sakko und Krawatte. Er wirkt, als sei er ein Funktionär. Tatsächlich wäre es angebracht gewesen, ebendiesen Eberhard Asmus in Overall und mit Helm zu zeigen, während er mit seinem Trabi über vereiste Passstraßen driftet ...

Auch der Text fiel überaus zurückhaltend aus. Gerade mal 25 Zeilen verwendete das Blatt darauf, um noch dazu mit mehrtägiger Verspätung eine motorsportliche Sensation zu verkünden. „Mit seinem Copiloten Helmut Piehler errang Eberhard Asmus bei der Rallye Monte Carlo den Klassensieg in der 850-ccm-Klasse, der kleinsten Kategorie, die bei der Zuverlässigkeitsfahrt geführt wird“, heißt es in der Nachricht. Immerhin ist auch von „extremen Witterungsbedingungen“ die Rede sowie von einer „Langstreckenfahrt zum Mittelmeer“.

Die Rallye Monte Carlo ist zwar nach dem Fürstentum am Mittelmeer benannt. Ausgetragen wird die Rallye aber keineswegs

unter Palmen, sondern immer im Januar in den französischen Seealpen. Die Strecke führt über extrem enge sowie häufig auch vereiste Bergstraßen. Dazu gehört der legendäre Col de Turini, der bis auf 1607 Meter ansteigt. Sind seine Haarnadelkurven mal nicht rutschig, helfen die Zuschauer gern nach und schippen Schnee auf die Straße. Seit 1911 wird die Rallye ausgetragen. In den 1960er Jahren war es vor allem ein Kleinwagen, der hier Motorsport-Geschichte schreiben konnte. Ein britischer Mini gewann von 1963 bis 1967 vier Mal in Folge die Gesamtwertung. Allerdings wurde der Wagen ein Mal nachträglich disqualifiziert, angeblich weil sich falsche Glühlampen in den Scheinwerfern befanden.

Wohl auch vor dem Hintergrund dieser unglaublichen Erfolgsgeschichte eines kleinen Autos entschloss sich die Sachsenring Sportabteilung, ebenfalls bei der prestigeträchtigen Rallye anzutreten. 1968 starteten erstmals drei Trabis. Zwar erreichten zwei Wagen erst rund zehn Stunden nach dem Gesamtsieger das Ziel. Aber immerhin waren diese beiden Rennpappen überhaupt angekommen. Von den 200 gestarteten Fahrzeugen glückte dies nur

Während der Rallye wurden alle Teilnehmerfahrzeuge mit eigens gestalteten Schildern gekennzeichnet. Dieses Exemplar stammt aus 1969, dem zweiten Startjahr der Trabis.

79. Unter anderem blieben einige Porsche, BMW, Mercedes-Benz und Minis auf der Strecke – sowie ein Trabant.

1970 gelang den Zwickauer Rennfahrern die Sensation. Hochtourig, meist im zweiten, manchmal auch im dritten Gang, jagten sie die Seealpen hinauf. Mit ihren lediglich 46 PS starken Trabis hatten sie zwar keinerlei Chance, sich im Gesamtklassement vorn zu platzieren. Doch in der kleinsten Startklasse (Motoren bis 850 Kubikzentimeter) reichte es zum Doppelsieg. Eberhard Asmus und Helmut Piehler gewannen, der zweite Platz fiel an Franz Galle und Jochen Müller. Piehler beschrieb Jahrzehnte später das Erfolgsgeheimnis so: „Wir waren anderen Fahrzeugen leistungsmäßig unterlegen. Aber weil wir uns bei kleinen Pannen meist selbst helfen konnten, hatten wir einen Vorteil." Die Trabis mussten aber auch aus anderem Grund immer mal wieder notgedrungen stoppen. Während der Bergetappen lag ihr Spritverbrauch bei 22 bis 24 Litern je 100 Kilometer. Da der Tank relativ klein war, füllten die Rennfahrer unterwegs nach. Eigens dafür hatten sie zwei Reservekanister an Bord.

1973 starteten die Trabis letztmals bei der Rallye Monte Carlo. In jenem Jahr trat der später vierfache Gesamtsieger Walter Röhrl erstmals bei diesem Rennen an. Der Westdeutsche zeigte sich tief beeindruckt von der Leistung der Ostdeutschen. „Ich habe mich damals mit meinem 160 PS starken Opel Commodore untermotorisiert gefühlt, aber die Zwickauer sind mit 46 PS angetreten. Auf den Verbindungsetappen war überall ein 50er Schnitt vorgeschrieben. Und bei der Monte, wo Schnee liegt auf den Straßen, heißt das: Die mussten von der ersten Sekunde bis zur letzten 100 Prozent fahren, sonst hätten sie es nicht geschafft. Hut ab! Unglaublich!"

Leider fielen die Rennpappen bei ihrer letzten Rallye Monte Carlo allesamt aus, ganz so, wie 231 weitere Fahrzeuge. Das war im Falle der drei Trabis freilich nicht ihrer Technik und schon gar nicht der Motorleistung geschuldet. Vielmehr hatten einige disqualifizierte Fahrer wutentbrannt die Strecke blockiert. Ein Vorbeikommen war somit unmöglich.

Auf den Strumpf gekommen

Zu den Mythen, die rund um den Trabi erzählt werden, gehört die Geschichte vom Keilriemen. Reißt er, so heißt es, könne man sich mit einer Damenstrumpfhose als Ersatz behelfen. Stimmt das?

Der Keilriemen ist eines der bekanntesten Bauteile, die unter der Motorhaube eines Trabis stecken. Dabei sieht er ziemlich unspektakulär aus, letztlich handelt es sich um einen Gummiring. Dennoch ist er für das Fahren enorm wichtig. Der Keilriemen stellt eine kraftschlüssige Verbindung von der Kurbelwelle zu Lichtmaschine sowie zum Axiallüfter her. Reißt der Riemen, erzeugt das Auto keinen Strom mehr. Theoretisch könnte man dank der Batterie noch eine Weile weiterfahren. Dennoch sollten Trabi-Fahrer möglichst sofort anhalten. Ohne funktionierenden Keilriemen wird der Motor nicht ausreichend gekühlt. Es droht somit ein kapitaler Schaden.

Wie aufwändig ist es, den Keilriemen zu wechseln? Immerhin 19 Arbeitsschritte listet das Reparaturhandbuch für den Trabant auf. Das Prozedere beginnt damit, Kreidemarkierungen auf dem abzunehmenden Lüfter anzubringen, damit er schlussendlich wieder in der identischen Position montiert werden kann. Zwischenzeitlich ist die Kraftstoffleitung zu unterbrechen. Auch diverses Spezialwerkzeug sollte genutzt werden.

Alles in allem ist ein normalbegabter Trabi-Fahrer damit überfordert, erst recht, wenn der Riemenwechsel unverhofft auf einer Reise erfolgen muss. Es sei denn, der Fahrer hat, aus welchen Gründen auch immer, eine Damenstrumpfhose zur Hand. Sie lässt sich im Gegensatz zu einem in sich geschlossenen Keilriemen unkompliziert einfädeln und straff verknoten. Mit einem solchen Provisorium kann man halbwegs entspannt weiterfahren – zum Beispiel in die Werkstatt oder ins nächste Strumpfgeschäft. Schließlich soll es der Dame nicht unnötig kalt werden.

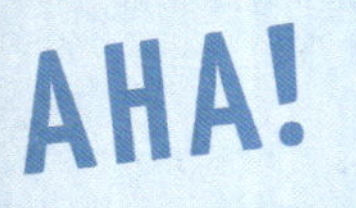

Marken-Zeichen

Briefmarken dienten in der DDR nicht nur dazu, Postsendungen zu frankieren. Sie waren oft ebenso dazu gedacht, politische Botschaften zu transportieren. Häufig wurden auch Fahrzeuge abgebildet. Doch ausgerechnet mit dem Trabant tat man sich schwer.

Im Briefmarken-Kalender der DDR gab es seit 1950 beständig wiederkehrende Termine. Anlässlich der Leipziger Frühjahrs- sowie Herbstmessen gab die Deutsche Post eigens gestaltete Sonderbriefmarken heraus. Die meisten dieser Marken bildeten Vorzeigeprodukte der sozialistischen Volkswirtschaft ab. Dazu gehörten selbstverständlich auch Fahrzeuge: Autobusse und Flugzeuge, Mähdrescher und Traktoren, Schiffe und Lokomotiven. Immerhin 154 Motive erschienen. Doch ausgerechnet den Kleinwagen Trabant, der auf der Leipziger Messe aufwändig vorgestellt worden war, sucht man auf diesen Marken vergebens. Überhaupt schaffte es nur ein einziger Pkw auf eine Messebriefmarke, und zwar der Wartburg „311" anlässlich der Herbstmesse 1960.

Warum gelang dies nicht dem Trabi? Galt er den DDR-Machthabern als nicht vorzeigenswert genug? Wollten sie gar den Eindruck vermeiden, der Wagen werde für den Export angepriesen, wo doch die Produktion nicht mal ausreichte, die heimische Nachfrage zu befriedigen? Gut möglich, dass letzteres der Wahr-

heit nahekommt. Diesen Gedankenschluss legt auch eine Briefmarke aus dem Spätherbst 1960 nahe. Auf ihr ist zwar ein Trabant „P 50" zu sehen, allerdings nur am Rande. Im Vordergrund ist eine Arbeiterin abgebildet. Die Marke erschien anlässlich des Tags der Chemiearbeiter. Dank seiner aus Kunststoff bestehenden Karosserie war die Darstellung des Automobils zumindest in diesem Kontext legitim.

Sechs Jahre später gab die DDR eine Briefmarke mit einer weit dominanteren Autodarstellung heraus. Ob es sich bei diesem Pkw um einen Trabi handelt, muss allerdings offen bleiben. Der Wagen wurde stilisiert gezeichnet, was letztlich zum konkreten Anlass passt. Die Marke gehört zu einem Satz, der die Verkehrssicherheit thematisiert.

Erst 1979 waren wirkliche Trabant-Marken erhältlich. In jenem Jahr erinnerte die DDR daran, dass sich 75 Jahre zuvor die Automobilfirma Horch ins Zwickauer Handelsregister eingetragen hatte. Zwei Marken gab daraufhin die Deutsche Post heraus. Eine zeigt einen 1911 gebauten Horch von 1911, die andere einen Trabant „601 S de luxe" von 1978.

Es sollte bis 2002 dauern, ehe die erste Trabant-Generation doch noch als Briefmarke groß herauskommen sollte. In jenem Jahr gab das Bundesministerium für Finanzen einen Satz heraus, der fünf Oldtimer zeigte. Darunter befand sich ein blau-weißer „P 50".

Ich glaub, mich knutscht ein Elch

1997 sorgte der Trabant weltweit für Schlagzeilen. Sogar in Japan rückten Zeitungen sein Foto auf die Titelseiten. Überraschenderweise hatte das technisch längst veraltete Auto ausgerechnet jenen Fahrdynamik-Test souverän bestanden, bei dem zuvor das jüngste Mercedes-Modell umgekippt war.

„Herr Krüger, warum haben Sie uns das nur angetan?“ Im November 1998 erhielt ich den vermutlich merkwürdigsten Anruf in meiner mittlerweile mehr als 30-jährigen Laufbahn als Journalist. Ein Mann hatte sich telefonisch bei mir gemeldet und noch bevor er seinen Namen nannte, fragte er mit tränenunterdrückter Stimme: Warum? Warum? Warum?

Momente später stellte sich heraus, dass ich mit einem Pressesprecher von Mercedes-Benz telefonierte. Der gute Mann beschwerte sich allen Ernstes über einen von mir organisierten Elchtest mit dem Trabi. Schlimm genug, dass kurz zuvor das seinerzeit jüngste Fahrzeug von Mercedes-Benz diesen Fahrdynamik-Test nicht bestanden hatte. Nun aber setzte der Trabi dem Ganzen sozusagen die Krone auf. Ausgerechnet ein veraltetes DDR-Auto erwies sich – zumindest in dieser sehr speziellen Disziplin – der A-Klasse als überlegen. Erfüllte sich damit das Credo von Walter Ulbricht? „Überholen ohne einzuholen“, diese Maßgabe hatte der DDR-Machthaber bereits 1957 ausgegeben, also im Geburtsjahr des Trabants. Nichts Geringeres stand Ulbricht im Sinn, als die Überlegenheit des Sozialismus auch durch wirtschaftliche Erfolge zu verdeutlichen.

40 Jahre später, anno 1997, baute Mercedes-Benz erstmals in der Konzerngeschichte ein Serienfahrzeug mit Frontantrieb. Die Lobeshymnen, mit denen die A-Klasse bereits vor ihrem Verkaufsstart bedacht worden ist, waren gigantisch. Zahlreiche deutsche Journalisten schwärmten von einer regelrechten Revolution in der Autobranche. Sie prophezeiten dem damaligen Bestseller von VW, dem Golf, harte Konkurrenz. Dann aber schickten sich schwedische Reporter an, das vermeintliche „Auto des Jahres“ auf Herz und Nieren zu testen. Dazu gehörte ein Fahrdynamik-Test, der das Ausweichen eines Pkw vor einem plötzlich auftauchenden Hindernis simuliert. In Schweden ist vom Kindertest die Rede, während andernorts meist vom Elchtest gesprochen wird. Zu ihm gehört, bei einem Tempo von 60 bis 65 km/h zunächst kurzentschlossen auf die Gegenspur auszuweichen, um wenige Meter weiter, angesichts von Gegenverkehr, wieder in die ursprüngliche Fahrspur einzuscheren.

Um es kurz zu machen: Die A-Klasse geriet augenblicklich ins Straucheln. Immerhin fuhr der Mercedes-Benz noch ein einige Meter auf zwei Rädern, ehe er auf die Seite krachte.

Einige Tage später saß ich mit Kollegen der „Thüringer Allgemeine“ in der Kantine. Das Tischgespräch drehte sich darum, wie wir über den bevorstehenden 40. Geburtstag des Trabants berichten sollten. Plötzlich stand die Frage im Raum: Wie verhält sich eigentlich der Trabi angesichts eines Elchs? Noch am gleichen Tag rief ich Helmut Aßmann an. Der einstige Motorsportler war zu DDR-Zeiten eine Legende. Immerhin 111 Siege hatte er bei Trabi-Rennen geholt. Aßmann zögerte keine Sekunde: Selbstverständlich würde der Trabant einen solchen Test bestehen.

Gesagt, getan. Mir fiel seitens der Redaktion die Aufgabe zu, den Elchtest zu organisieren sowie über das Resultat in der Zeitung zu berichten. Am 12. November 1997 war es soweit. Auf der Rollbahn eines Militärflugplatzes nahe Eisenach bauten wir mit Pylonen den originalgetreuen Parcours auf. Mit Mario Schumann hatten wir einen versierten Fahrer gefunden. Er war Rennfahrer im Trabant-Lada-Racing-Cup. Schumann kannte sich mit dem Fahrverhalten des Trabis aus wie wenige andere. Zum Elchtest trat er selbstverständlich nicht mit seiner getunten Rennpappe an, sondern mit einem unveränderten Serienmodell.

Kaum hatte Mario Schumann den doppelten Spurwechsel das erste Mal absolviert, machte sich Ernüchterung breit. Irgendetwas schien nicht zu stimmen. Weder hatte der Trabi eines der Gummihütchen berührt noch war das Auto ins Schlingern geraten. War Schumann eventuell viel zu langsam gefahren? Nein, das war er nicht. Also schraubten wir das Tempo immer weiter hoch. Erst, als der Testwagen mit 75 km/h zum Spurwechsel ansetzte, kamen die Fotografen zu halbwegs aufregenden Bildern: Das Auto lupfte kurzzeitig eines seiner Hinterräder. Das war es dann aber auch schon. Weder brach der Trabi aus der Spur aus noch drohte er umzufallen. „Trotz seines eigentlich viel zu leichten Hecks ist der Trabant sehr spurstabil", fasste Mario Schuhmann den Test zusammen.

Schon bald erfuhren die Menschen rund um den Globus vom bestandenen Elchtest. Sowohl Zeitungen als auch Radio- und Fernsehsender griffen das Thema auf. Bei Mario Schumann und auch bei mir hörten die Telefone tagelang nicht auf zu klingeln. Immer wieder wollten Journalisten die Geschichte vom Trabi-Abenteuer erzählt bekommen. Fragen über Fragen prasselten auf

Spektakulär am Elchtest des Trabi ist, dass er sich dabei unspektakulär verhält.

uns ein. Nur eine Frage hörte ich lediglich ein einziges Mal. Und zwar diese: „Herr Krüger, warum haben Sie uns das nur angetan?"

Meine Antwort war eine gänzlich andere, als der Anrufer erwartet hatte. Wir haben Mercedes-Benz überhaupt nichts angetan. Das Umstürzen der A-Klasse war allein deren Konstruktion geschuldet. Natürlich zog der Autobauer alsbald Konsequenzen. Unter anderem wurde der Schwerpunkt des Fahrzeugs tiefer gelegt. Vor allem aber stattete man den Baby-Benz fortan mit einer elektronischen Stabilitätskontrolle (ESP) aus. Derart modernisiert, brauchte der „A" fortan keinen Elch mehr zu fürchten – und ganz gewiss auch keinen Trabi.

Zehn Geschichten, die man nicht kennen muss

Schwimm, Trabi, schwimm!

Den Trabant gab es zwar nie als Amphibienfahrzeug, zu Wasser gelassen wurde seine Karosserie aber dennoch. Geschickte Bastler nutzten ausrangierte Karosserieteile des Kombis, um Kajüten für ihre Boote zu bauen. Mit etwas Glück kann man ab und an noch ein Exemplar auf einem See entdecken.

Das exklusivste Auto der DDR

Obwohl in der DDR keine Cabriolet-Version des Trabant „601" angeboten wurde, war ein solcher Wagen immer mal wieder im Fernsehen zu bestaunen. Ab 1964 gehörte ein hellgrünes Cabrio mit dem Kennzeichen „PU 201" zum Fuhrpark des Sandmännchens. Später kam noch eine blaue Limousine dazu.

Frauen fahren auf Trabi-Besitzer ab

Männer, die Trabi fahren, haben bei Frauen größere Chancen als die Besitzer sportlicher Wagen, etwa von BMW oder Lamborghini. Das ergab ein Experiment, das die Gebrauchtwagenbörse

Heycar auf einer Dating-Plattform durchgeführt hat. Am meisten mögen Frauen demnach Fahrer von VW T2-Bussen.

Höchststrafe für den Trabi-Dieb

In den 1980er Jahren stahl ein Arbeiter des Sachsenring-Werks immer mal wieder fabrikneue Trabis. Am Ende waren es 24. Die Masche war stets die gleiche. Er montierte die Kennzeichen seines eigenen Trabants an die Neuwagen und fuhr mit ihnen einfach vom Betriebshof. Der Pförtner bemerkte den Schwindel offenbar nicht. Ausgestattet mit Papieren schrottreifer Autos verkaufte der Dieb die fabrikneuen Trabis weiter. 1988 flog der Täter auf. Das Bezirksgericht Karl-Marx-Stadt verurteilte ihn zu zehn Jahren Haft.

Auf offener Straße

Trabis fahren nicht nur auf der Straße, nach ihnen wurde auch eine ebensolche benannt. Im Jahr 2004 widmete die Stadt Zwickau ein 201 Meter langes Teilstück der Schlachthofstraße zur Trabantstraße um. Sie führt am Gelände des früheren VEB Sachsenring vorbei.

Hinter Schloss und Riegel

Das Jahr 1962 endete für Trabi-Fahrer mit einer veritablen Verbesserung. Seitdem verfügte auch die Fahrertür der 600er Baureihe über ein Schloss. Bis dahin mussten Fahrer immer erst die Beifahrertür öffnen, um ihre eigene Tür von innen entriegeln zu können.

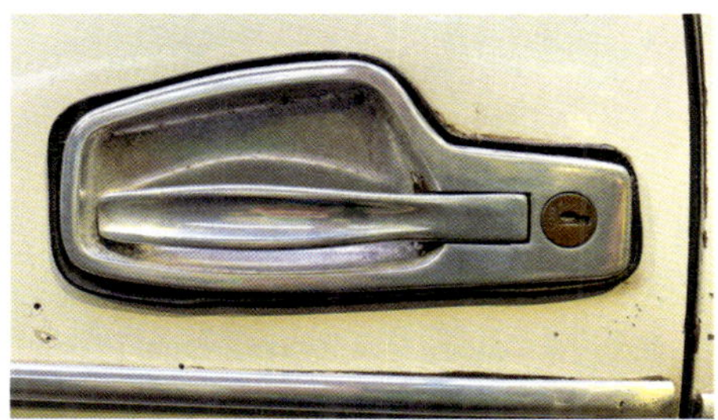

Blauer Dunst

Nur Männer aus Stahl fahren Autos aus Pappe – und nur Männern aus Holz verzeihen wir bedenkenlos, dass sie ihre Umwelt einnebeln. Dazu gehört mit dem Zwickauer Trabi-Freund ein original erzgebirgisches Räuchermännchen. Es wurde 2020 von einer ortsansässigen Brauerei als Werbepräsent in Auftrag gegeben. Bei Sammlern begehrt ist aber auch ein räuchernder Weihnachtsmann, der lieber in einen mit Geschenken beladenen Trabi steigt als Rentiere einzuspannen.

Pension Sachsenruh

Es war billiger als ein Wohnwagen, ließ sich ruckzuck aufbauen und bot zwei Erwachsenen ausreichend Schlafplatz. Das Dachzelt für den Trabant „601" war eine beliebte Zusatzausstattung in DDR-Zeiten. Entwickelt hatte es der Schlosser Gerhard Müller aus Limbach-Oberfrohna auf eigene Faust. 1976 stellte die Zeitschrift „Der Deutsche Straßenverkehr" sein Projekt vor. Das Interesse anderer Trabi-Fans war entfacht. Müller begann, die Zelte mit seiner Lebensgefährtin in einer Kleinserie zu produzieren. Mit staatlichem Segen wurde aus dem Neben- ein Haupterwerb.

Zu langsam für Verfolgungsjagden

Wer Krimis aus DDR-Zeiten anschaut, wird niemals einen Trabant als Funkstreifenwagen entdecken. Die Volkspolizei verfügte zwar über Trabis, diese wurden aber nur in zivilen Lackierungen verwendet. Als Streifenwagen schied der Kleinwagen allein schon deshalb aus, da er nicht als Viertürer lieferbar war. Außerdem genügte seine Motorleistung nicht den Ansprüchen. Bei den grün-weißen Polizei-Trabis, die mancherorts zu sehen sind, handelt es sich um Umbauten der Nachwende-Zeit.

Kleinwagen ganz groß

Wie viele Menschen passen in einen Trabi? 20 Handballerinnen und Turnerinnen aus Zwickau lieferten im Sommer 2021 vor laufenden Kameras eine Antwort ab. Sie zwängten sich gleichzeitig in einen „601". Damit kehrte der Weltrekord heim. Bereits 1976 hatten 17 Zwickauer das Kunststück vollbracht. Zwischenzeitlich holten 18 Tanzsportlerinnen den Rekord nach Brandenburg. Zu den Prämissen des Versuchs gehört, dass sich alle Türen schließen lassen und der Motor gestartet werden kann.

Selbst ist der Mann

Pleiten, Pech und Pannen gehörten in DDR-Zeiten zum Alltag vieler Trabi-Fahrer. Gut, wenn man sich dann selbst zu helfen wusste. Von einem Extrembeispiel weiß Dieter Pemsel zu erzählen. Er tauschte in den 1980er Jahren am Rand der Autobahn eine Kupplungsscheibe aus.

Kupplungsscheiben gehören zu den Verschleißteilen. Im Falle eines „601“ sind diese Scheiben sechs Millimeter dick. Bereits nach einer Abnutzung von 0,7 Millimeter sollen sie unbedingt getauscht werden. So jedenfalls empfiehlt es das offizielle Reparaturhandbuch des VEB Sachsenring. In lupenreiner Industrie-Lyrik beschreibt es sodann, wie man vorzugehen hat: „Ist das Keilnutenprofil der Nabe der Kupplungsscheibe beschädigt bzw. ausgeschlagen, so wird die Kupplungsscheibe gegen eine neue ersetzt. Dabei ist zu beachten, dass die neue Kupplungsscheibe sich leicht auf dem Keilnutenprofil der Antriebswelle verschieben lässt. Erst danach kann die Kupplung mit der Kupplungsscheibe montiert werden. Dabei ist lediglich eine gute Zentrierung der Kupplungsscheibe zur Schwungscheibe zu berücksichtigen.“ Oha! So einfach also ...

Spaß beiseite. Dieter Pemsel war alles andere als zum Lachen zumute, als ihm in seinem 601er die Kupplung zerflog. An jenem Tag war der Kfz-Meister von Weimar aus nach Zwickau aufgebrochen, um Ersatzteile für den Trabi zu besorgen. Auf der Heimfahrt passierte es dann. Zwar traute sich Pemsel eine Reparatur auch am Straßenrand zu. Doch ausgerechnet Kupplungsscheiben hatte er an diesem Tag nicht gekauft. Kurzentschlossen trampte er nach Hause, packte Werkzeug sowie eine Scheibe zusammen und fuhr mit einem Wartburg zurück zum Pannenort. Rund anderthalb Stunden habe er geschraubt, erinnert sich Pemsel. Dann lief der Trabi wieder wie am Schnürchen. Während seine Frau daraufhin den Wartburg gen Weimar steuerte, setzte er sich selbst ans Steuer des „601“.

Dieter Pemsel mit einer Kupplungsscheibe. Er ist als Vorsitzender des Trabiteams Weimarer Land e.V. der Pappe treu geblieben.

Würde er auch anderen Trabi-Fahrern raten, Kupplungsscheiben in Eigenregie zu wechseln? Nein, sagt Pemsel, es sei denn, sie haben echte Schrauber-Erfahrung. Das sah bereits das Autorenkollektiv des Reparaturhandbuchs ähnlich. Im Vorwort hielt es ausdrücklich fest: „In ihrem eigenen Interesse bitten wie Sie, nur solche Reparaturen auszuführen, die Sie sich selbst auf Grund Ihrer Berufsausbildung zutrauen."

Driving me crazy

Wetten, dass ein Trabi schneller als ein Porsche beschleunigen kann? Zumindest wenn Thomas Gottschalk am Steuer sitzt, ist dies möglich. So jedenfalls erzählt es ein Hollywood-Film, der 1991 in den Kinos anlief.

Kaum ist 1989 die Mauer gefallen, hat der ostdeutsche Tüftler Gunther Schmidt einen Geistesblitz. Er möchte einen Trabi bauen, der mit Biokraftstoff und noch dazu nahezu abgasfrei fährt. Seinen Superkraftstoff gewinnt er aus Zuckerrüben. Dank dieses besonderen Safts beschleunigt die Rennpappe auf bis zu 250 km/h. Allerdings begeistert sich die europäische Autoindustrie überhaupt nicht für Schmidts Super-Trabi. So bleibt dem Erfinder nichts anderes übrig, als sein Glück in Amerika zu suchen.

„Trabbi goes to Hollywood". Das klingt verheißungsvoll. Doch als der tatsächlich in Hollywood produzierte Film in die deutschen Kinos gelangte, geschah dies von vornherein mit einem Schönheitsfehler. Statt mit einem „b" hatte man den Autonamen mit zwei „b" geschrieben. Trabbi statt Trabi. Im amerikanischen Original hieß die Komödie dagegen noch „Driving me crazy", was soviel bedeutet wie: Du machst mich verrückt. Die Hauptrolle des Erfinders hatte Thomas Gottschalk übernommen. Zu jenem Zeitpunkt war er bereits der weithin gefeierte Moderator der Fernsehshow „Wetten, dass..?".

Mit dem Trabi-Film war Gottschalk weit weniger Erfolg beschieden. Schon bald hagelte es Verrisse. Von einer „bekloppten Klamotte" ging die Rede, von einem „einfallslosen Komödienversuch" sowie von einem „peinlichen Vehikel". Schließlich wurde die Komödie sogar in den Reigen der schlechtesten Spielfilme aller Zeiten aufgenommen. Seither befindet sich „Trabbi goes to Hollywood" in der illustren Gesellschaft solcher Streifen wie „Zwiebel-Jack räumt auf" und „Lass jucken, Kumpel".

Thomas Gottschalk spielt einen verrückt-genialen Trabi-Tüftler. Doch der Hollywood-Film wurde zum Flop.

Neapel sehen und sterben
KDM 6-98
D

Neapel sehen und sterben

Fallen Namen wie Schorsch und Udo, wie Jaqueline und Rita, leuchten die Augen vieler Trabi-Fans. So heißen die Helden in „Go Trabi Go“. Die Komödie erzählt im Stil eines Roadmovies von einer Reise nach Neapel. Vor allem aber ist der Film eine Liebeserklärung an den Trabant.

Worin unterscheiden sich Neapel und Rom hauptsächlich? Bereits im Jahre 1787 gab darauf der Nationaldichter der Deutschen eine unmissverständliche Antwort. Im Tagebuch seiner Italienreise schwärmte Goethe von der besonderen Lage Neapels. Die Ufer, Buchten und Busen des Meeres! Der Vesuv! Die Weingärten! Dagegen komme ihm Rom vor „wie ein altes, übelplaciertes Kloster“. Schließlich notierte der Dichter voller Zustimmung eine aufgeschnappte Weisheit: „Vedi Napoli e poi muori, sagen sie hier. Siehe Neapel und stirb!“

Neapel sehen und sterben. Genau 203 Jahre später schreibt ein Deutschlehrer aus Bitterfeld diesen Satz auf die Kofferraumklappe seines Trabants. In jenem Sommer 1990 möchte Udo Struutz mit seinem himmelblauen Trabi namens Schorsch auf Goethes Spuren reisen. Ehefrau Rita, Tochter Jaqueline sowie ein vom Opa geliehener Fotoapparat sind mit an Bord. Unterwegs wird der heißgeliebte Schorsch unablässig malträtiert. Er hängt auf einem Schrottplatz in der Kralle eines Kranes. Am Gardasee werden ihm die Räder gestohlen. In Rom saust der Trabi eine Freitreppe hinunter, so dass ihm etliche Karosserieteile wegfliegen. Schließlich stürzt der Trabi nahe dem Vesuv auch noch einen Abhang hinab und büßt sein Dach ein. Aber immerhin kommt die Familie auf diese Weise zu einem Cabriolet, mit dem sie die Heimreise nach Bitterfeld antritt.

Wozu ins Hotel, wenn man auch auf dem Dach des Trabis übernachten kann. Familie Struutz reist nach Neapel.

Udo (Wolfgang Stumph) sieht erstaunt zu, wozu Trabi Schorsch fähig ist. Eigens für diesen Stunt wurden die Radaufhängungen verstärkt.

Mit seiner Rolle als Familienvater Udo feierte der Kabarettist Wolfgang Stumph seinen Durchbruch als Schauspieler. Rund 1,5 Millionen Zuschauer lockte „Go Trabi Go" im Jahr 1991 in die Kinos. Abermillionen erlebten das Roadmovie später im Fernsehen. Wer genau hinschaut, erkennt, dass mehrere Trabis die Rolle des Schorsch übernommen hatten. Zwölf Fahrzeuge kamen zum Einsatz, um insbesondere die Stuntszenen absichern zu können.

Bereits 1992 wurde „Go Trabi Go 2 – Das war der wilde Osten" uraufgeführt. Der Film konnte nicht an den Erfolg des Originals heranreichen. Gut möglich, dass dies ausgerechnet daran lag, dass der Trabant nun nur noch eine untergeordnete Rolle spielte.

Nicht ohne meinen Trabi

Einige der spektakulärsten Aktionen rund um den Trabant verbinden sich mit Rolf Becker. Der auch als Drehorgel-Rolf bekannte Hallenser fuhr als einziger DDR-Bürger noch zu DDR-Zeiten mit dem Trabi quer durch die USA.

Rolf Becker hatte den gleichen Traum wie viele andere Ostdeutsche. Einmal im Leben wollte er Hollywood nicht nur im Fernsehen bestaunen, sondern die Filmmetropole selbst erleben. Mit dem Fall der Mauer bot sich zwar allen die gleiche Chance, aber keiner nutzte sie 1990 auf ähnliche Weise wie der Drehorgelspieler. „Ich wollte unbedingt auf eigener Achse von New York nach Los Angeles fahren", erzählt der Hallenser drei Jahrzehnte später. „Schon bald fragte ich mich: Sollte ich mir einen gebrauchten Chevrolet für 500 Dollar kaufen? Oder könnte ich die gleiche Summe nicht auch nutzen, um einen Trabi nach New York zu verschiffen?" Die Entscheidung fiel offenbar nicht allzu schwer. Chevis gab es in den USA wie Sand am Meer; in einem solchen Auto wäre der Aktionskünstler kaum aufgefallen. Also ließ er seinen Trabi auf ein Schiff verladen und flog ihm hinterher.

Im Juli 1990 startete das Abenteuer. Damals galt die D-Mark erst seit zwei Wochen im Osten Deutschlands als offizielles Zahlungsmittel. Noch aber war Deutschland nicht wiedervereint. Schon auf der Hinreise musste der Drehorgelspieler erleben, dass es Pannen nicht nur am Steuer eines Trabis geben kann. Erst war sein Gepäck verschwunden, dann kam die Drehorgel mit einwöchiger Verspätung an. Aber immerhin, seinen „601 Universal" bekam er ohne Probleme aus dem Zoll.

3936 Kilometer misst die Luftlinie zwischen New York und Los Angeles. Mit dem Auto sind es rund 500 Kilometer mehr. D-Rolf hatte jedoch nicht im Sinn, den kürzesten Weg einzuschlagen. Zunächst steuerte er Washington an, weiter ging es nach St. Louis. Nahe der Stadt am Mississippi hatte Mark Twain seine Romane

rund um Tom Sawyer und Huckleberry Finn spielen lassen. Beide waren zwar keine Trabi-Fans, die es zu besuchen galt, aber immerhin waren sie Helden aus Beckers Kindheit.

Der Trabi hielt wacker durch und trug den Reisenden über die Appalachen und die Rocky Mountains. Bis auf 3400 Höhenmeter kraxelte der Kleinwagen, um den Eisenhower-Tunnel passieren zu können. Denver folgte, der Rio Grande, der Grand Canyon und die Mojave-Wüste. Noch ahnte Becker nicht, dass ihm am Ziel ein Deutscher erwarten würde – Thomas Gottschalk. Der Entertainer war kurz zuvor als Hauptdarsteller für den Film „Trabbi goes to Hollywood" verpflichtet worden.

Mittlerweile war es September geworden, in New York stand die von Deutschamerikanern organisierte Steuben-Parade bevor. Ein Sponsor lud den Drehorgelspieler dazu ein, er zahlte sogar den Transport des Trabis per Flugzeug zurück nach New York. Die In-

Zukunftsmusik? Der Drehorgelspieler Rolf Becker ist selbst Baujahr 1947. Er möchte gern noch das modernste Auto der Welt vollenden, einen Trabi „6x6“. Alle sechs Räder, so der Plan, werden angetrieben. Je Achse kommt ein anderer Motor zum Einsatz: ein herkömmlicher Trabi-Motor, ein Wasserstoff-Motor sowie ein Elektromotor, der den Strom von Solarzellen bezieht.

vestition sollte sich lohnen. Statt all der Dirndl-Trägerinnen und Lederhosen-Fetischisten wurde das ostdeutsche Auto nebst seinem drehorgelnden Fahrer zum Star der Parade. Die plötzliche Aufmerksamkeit bescherte Rolf Becker indes auch einen weniger schönen Abschluss seiner Reise. Ihm erging es im wahren Leben wie Thomas Gottschalk im Film: Der Trabi wurde gestohlen.

Drehorgel-Rolf ließ sich davon letztlich nicht beeindrucken. Immer und immer wieder brach er zu neuen Trabi-Abenteuern auf. Dazu gehörte 1992 die Wüstenrallye von Magdeburg nach Marrakesch. 5000 Meilen durch Afrika folgten. Auch Touren durch die Mongolei, nach Timbuktu und nach Madagaskar nahm der Hallenser in Angriff. In 80 Staaten war er mit dem Trabant unterwegs.

Sieht er sich eigentlich selbst als verrückten Trabi-Fan an? „Nie und nimmer“, wehrt D-Rolf ab. „Was soll schon daran verrückt sein, dass für mich gilt: Nicht ohne meinen Trabi!“

Der Vierbeiner

Trabi-Denkmale gibt es einige. Das berühmteste steht im Garten der Prager Botschaft. Der Glaube, es handele sich bei der bronzenen Skulptur um das Original, ist weitverbreitet – und falsch.

„Wir sind zu Ihnen gekommen, um Ihnen mitzuteilen, dass heute Ihre Ausreise möglich geworden ist." Die letzten Silben des berühmten Satzes von Bundesaußenminister Hans-Dietrich Genscher waren kaum noch zu hören. Sie gingen unter im frenetischen Jubel von rund 4000 DDR-Bürgern, die in den Garten der Prager Botschaft geflüchtet waren. An jenem 30. September 1989 sprach Genscher vom Balkon des Palais Lobkowicz aus zu den Menschen.

Seit dem Jahr 2001 erinnert eine im Garten aufgestellte Trabi-Skulptur an die weltbewegenden Ereignisse. Das bronzene Denkmal zeigt einen Trabi, der nicht auf Rädern steht, sondern auf vier Beinen. „Quo Vadis" heißt die Skulptur passenderweise: Wohin gehst du? 1989 waren viele Flüchtlinge mit ihren Autos nach Prag sowie an die tschechoslowakische oder auch ungarische Grenze nach Österreich gelangt. Auf der Flucht mussten sie ihre Fahrzeuge zurücklassen und ihren Weg zu Fuß fortsetzen.

Der Bildhauer David Černý hatte sein Denkmal ursprünglich 1990 auf dem Altstädter Ring in Prag aufgestellt. Damals bestand der Trabi noch aus Kunststoff. Erst 2001 entstand eigens für die deutsche Botschaft eine Kopie aus Bronze. Das Original des Künstlers gehört zur Sammlung des Zeitgeschichtlichen Forums in Leipzig.

Viele deutsche Touristen kommen eigens wegen des Trabis auf die Gartenseite der Prager Botschaft.

Markus Kögler in seinem 1972 erstmals zugelassenen Kübel.

Grenz-Erfahrung

Rund 19.000 Mitglieder hat die beliebteste Trabi-Gruppe bei Facebook. Deren Gründung hat sehr viel mit dem gerissenen Keilriemen in einem Kübelwagen zu tun.

Markus Kögler stammt aus Raitzhain in Thüringen. Er ist Baujahr 1966 sowie Trabi-Fan durch und durch. In Köglers Geburtsjahr erhielt auch die Trabant-Familie Zuwachs – mit dem Kleinkübel „601 A“. Der offene Trabi war eigens für den Einsatz bei den Grenztruppen der DDR entwickelt worden. In einem zeitgenössischen Bericht der Zeitschrift „Armeerundschau“ wurde zunächst dessen Geländegängigkeit vollmundig gepriesen, ehe es hieß: „Nun soll das nicht heißen, der Trabant-Kübel wäre ein Geländefahrzeug, mitnichten. Er ist als Streifenwagen gedacht, der mühelos und relativ schnell auf den Streifenwegen im Grenzhinterland operiert. Die Vorteile gegenüber den noch gebräuchlichen Krädern dürften sichtbar sein. Zunächst vier Räder und ein Dach, dann eine stärkere Besatzung und damit eine stärkere Bewaffnung."

Sätze wie diese lassen Militaria-Fans verzücken, nicht aber Markus Kögler. Der Raitzhainer besitzt einen solchen Grenzkübel, obschon der Trabi nicht sofort als solcher erkennbar ist. „Ich möchte mit meinem Auto vor allem Spaß haben", sagt er. Spaß, das heißt: Er fährt mit seinem Kübel bei jeder sich bietenden Gelegenheit. „Ein originalgetreuer Wiederaufbau als Militärfahrzeug kam deshalb für mich nicht infrage." Seinen Trabi hat er himmelblau lackieren lassen statt im klassischen Armeegrün. Himmelblau, ganz so, wie es in dem Trabant-Schlager von 1971 heißt. Auch die einstmals üblichen Hoheitszeichen der DDR sucht man auf diesem Kübel vergebens.

1972 war Köglers Trabi zugelassen worden. 17 Jahre später fiel die Mauer. Schon bald waren die Grenzkübel entbehrlich, sie wurden ausrangiert und verkauft. Es sollte noch bis 2009 dauern, ehe sich Markus Kögler seinen Kübel zulegte. Die Heimfahrt nach dem Kauf trat er auf eigener Achse an. Bereits nach wenigen Kilometern auf der Autobahn riss der Keilriemen. In Ermangelung einer Damenstrumpfhose für eine Schnellreparatur rief der Neubesitzer den Pannendienst an. Aber auch der ADAC konnte den Schaden nicht vor Ort beheben. So wurde der Kübel kurzerhand abgeschleppt.

Aus diesem Erlebnis heraus erwuchs allmählich die Idee, Trabi-Fahrer im Internet zu vernetzen. Schließlich ging die von Kögler gegründete Facebook-Gruppe „Trabant" an den Start. Zunächst sollte sie nur Hilfe zur Selbsthilfe bieten. Doch schon bald wurde die Gruppe zur allumfassenden Info-Börse rund um den Trabant. Das macht sie, so freut sich Markus Kögler, „zur größten, kostenfreien und nicht kommerziell genutzten Trabant-Gruppe auf Facebook!"

Mit Horch fing alles an

In Zwickau entstanden bereits fünf Jahrzehnte vor dem Trabi die ersten Autos. Noch immer werden hier Pkw hergestellt, nun durch VW. Das August Horch Museum erzählt die wechselvolle Geschichte des Standorts. Zur Sammlung gehört der letzte vom Band gelaufene Trabant.

Automobilmuseen gibt es in Deutschland etliche, in einigen können wir auch Trabis bestaunen. Warum also sollten wir eigens nach Zwickau reisen, um in einem Museum mehr über den Kleinwagen zu erfahren? Die Antwort hat zwar auch etwas damit zu tun, dass das August Horch Museum seine Trabis in ehemaligen Gebäuden des Sachsenring-Werks präsentiert. Und doch wiegt ein anderes Argument weit schwerer. Das Museum stellt nicht einfach Autos aus. Es erzählt vielmehr vom Wohl und Wehe des Trabant als Teil einer weit umfassenderen Geschichte. In ihr kommen luxuriöse Horch-Limousinen der 1920er Jahre ebenso vor wie Rennsportwagen der Auto Union, aber auch Motorräder von Wanderer sowie Prototypen aus DDR-Zeiten.

Alles begann mit einem Mann, der zwar ein genialer Ingenieur war, aber kein bemerkenswerter Kaufmann. Bereits im Jahre 1900 hatte August Horch sein erstes Automobil gebaut, damals noch in Köln. Bereits im Folgejahr siedelte das nach ihm benannte Unternehmen nach Reichenbach (Vogtland) um, 1904 folgte der Umzug nach Zwickau. Fünf Jahre später überwarf sich Horch angesichts finanzieller Probleme mit seinen Teilhabern. Der Firmengründer musste nicht nur das Unternehmen verlassen, sondern verlor zugleich die Namensrechte an der Marke „Horch“. Daraufhin gründete August Horch in Zwickau die Audi Automobilwerke GmbH.

1931/32 fusionierten Horch und Audi sowie DKW und Wanderer zur Auto Union. Das neue Markenzeichen der vier ineinander verschlungenen Ringe symbolisierte den Zusammenschluss.

Da schwant uns was: Frühe Horch-Modelle zitierten noch das Zwickauer Stadtwappen in ihrem Markenemblem, wie hier bei einem Tourenwagen von 1911.

Nach dem Zweiten Weltkrieg wurden die sächsischen Betriebe verstaatlicht. Aus den beiden Zwickauer Werken von Horch und Audi entstand der Trabi-Produzent VEB Sachsenring. Unterdessen war in Westdeutschland die Auto Union neu gegründet worden. Aus ihr ging der Audi-Konzern mit Sitz in Ingolstadt hervor.

Das August Horch Museum befindet sich im ältesten Teil des Zwickauer Audi-Werks. Es zeigt rund 160 Automobile und Motorräder. Viele von ihnen werden vor historisch anmutenden Kulissen inszeniert. Dazu gehört eine Boxengasse mit Grand-Prix-Wagen ebenso wie eine Datsche aus DDR-Zeiten, vor der ein Trabi mit Dachzelt parkt.

Bei 30 wackeln die Sitze …

Witze erzählte man sich in der DDR sehr gern, auch über den Trabi. Oft nahmen sich die Erzähler dabei selbst auf die Schippe. Der schwarze Humor half darüber hinweg, dass sowohl das Auto als auch der Vertrieb seine Macken hatte.

Was wollten die Konstrukteure des Trabis mit
ihrem Auto beweisen?
Humor.

Warum heißt das Auto eigentlich Trabi?
Wäre er schneller, hieße er Galoppi.

Was bedeutet die Typ-Bezeichnung „601“?
600 Bürger haben ihn bestellt, einer hat ihn bekommen.

Warum gab es in der DDR keine Bankräuber?
Weil sie zehn Jahre auf ein Fluchtauto warten mussten.

Ein Volkspolizist kontrolliert einen Trabi-Fahrer: „Bürger, Sie haben ja gar keinen Tacho! Wie wollen Sie denn die Geschwindigkeitsbegrenzung einhalten?“
Darauf der Fahrer: „Genosse, das geht auch ohne Tacho. Wenn ich 20 fahre, vibriert das Lenkrad. Bei 30 wackeln die Sitze. Bei 50 scheppern die Türen. Und bei 80 klappern meine Zähne.“

Stimmt es, dass ein Trabi und ein Porsche an einer Rallye teilgenommen haben und dass der Porsche gewonnen hat?
Im Prinzip: Nein. Richtig ist, dass es bei dieser Rallye nur zwei Teilnehmer gegeben hat. Der Trabi belegte einen ehrenvollen zweiten Platz. Der Porsche wurde Vorletzter.

Wann erreicht ein Trabant seine Höchstgeschwindigkeit?
Wenn er abgeschleppt wird.

Warum ist der Trabi lackiert?
Damit er bei Regen nicht einläuft.

Warum hat der Trabi keinen zweiten Außenspiegel?
Dann käme er nicht mehr gegen den Fahrtwind an.

In der Werkstatt. „Meister, wie steht es mit meinem Auto?"
„Sagen wir es einmal so: Wenn ihr Trabi ein Pferd wäre, müssten wir es erschießen!"

Was ist passiert, wenn ein Trabi trotz grüner Ampel nicht losfährt?
Dann klebt ein Reifen an einem Kaugummi.

Trifft es zu, dass der Trabi 150 km/h erreichen kann?
Das hängt davon ab, aus welcher Höhe man ihn fallen lässt.

Warum kommen alle Trabifahrer in den Himmel?
Weil sie bereits die Hölle auf Erden hatten.

Ein amerikanischer Millionär sammelt die exklusivsten Autos der Welt. Als er davon hört, dass man auf einen Trabi zehn Jahre warten müsse, zögert er nicht und gibt eine Bestellung auf. Im Zwickauer Werk ist man überzeugt, einen solch wichtigen Kunden nicht warten lassen zu können. Deshalb wird ihm sofort ein Fahrzeug in die USA geliefert. Der Millionär schreibt zurück: „Ich bewundere Ihre deutsche Gründlichkeit. Bevor Sie das Auto liefern, schicken Sie erst mal ein Modell aus Plastik. Und das beste: Es fährt sogar!“

Das Quiz für echte Trabi-Experten

1. Wofür steht die 50 beim Trabi-Typ „P 50“?

a) 50er Jahre
b) 50 PS
c) 0,5 Liter Hubraum

2. Aus welchem Bereich wurde der Name „Trabant“ übernommen?

a) Raumfahrt
b) Militär
c) Grimms Märchen

3. In welchem Zwickauer Werk wurden die ersten Trabis gebaut?

a) Horch
b) Audi
c) Horch und Audi

4. Die Nullserie lief am 7. November 1957 an, das war der ...

a) Tag der Republik
b) Tag der Oktoberrevolution
c) Geburtstag Erich Honeckers

5. Wofür steht das Kürzel AWZ im ersten Trabi-Logo?

a) Automobilwerk Zwickau
b) Arbeiterwohlfahrt Zwickau
c) Es gab kein solches Kürzel.

6. Wie viele Trabis wurden gebaut?

a) über 3 Millionen
b) rund 8 Millionen
c) exakt 5.237.514

7. Im Gegensatz zum Käfer verfügte der „P 50“ über ...

a) Frontantrieb
b) Scheibenbremsen
c) eckige Scheinwerfer

8. Was übernahm der „601“ vom Vorgänger „600“?

a) Markennamen
b) Motor
c) Fahrgestell

9. Welche 1983 eingeführte Bauteil löste große Begeisterung aus?

a) Turbolader
b) geschäumtes Lenkrad
c) Dachreling

10. Wer stoppte immer wieder die Prototypen-Entwicklung?

a) Politbüro der SED
b) Russlands Staatschef
c) Konrad Adenauer

11. Wie hieß die Krückstockschaltung im Westen?

a) Krückstockschaltung
b) Erichs Hebel
c) Revolverschaltung

12. Welches Motorenkonzept wurde in den 1960ern für den Trabi erprobt ?

a) Sechszylinder
b) Wankelmotor
c) Elektromotor

13. Wer sollte in den 1970ern einen Trabi-Motor zuliefern?

a) Skoda
b) NSU
c) Saporoshez

14. Was wurde im Schlager besungen?

a) Himmelbauer Trabant
b) Blaue Abgasfahne
c) Liegesitze

15. Welche Farbe hatte der letzte gebaute Trabi?

a) Himmelblau
b) Schwarz
c) Pink

16. Wie waren Trabis in der DDR als Streifenwagen lackiert?

a) Grün
b) Grün-weiß
c) Es gab keine solchen Streifenwagen.

17. Über welchen Antrieb verfügte die 2009 vorgestellte Studie „nT"?

a) Wasserstoffmotor
b) Elektromotor
c) Hybridmotor

18. Welches Tempo erreichten Rennpappen im Motorsport?

a) 180 km/h
b) 112 km/h
c) 240 km/h

19. Wo holte der Trabi 1970 einen Klassensieg?

a) Rallye Monte Carlo
b) Paris – Dakar
c) Camel Trophy

20. Das Dachzelt des Trabi nennt man auch ...

a) Leinwandvilla
b) Pension Sachsenruh
c) Pappenzelt

21. Welcher Film floppte im Kino?

a) Trabbi goes to Hollywood
b) Go Trabi Go
c) beide

22. Wie heißt der Trabi in „Go Trabi Go“?

a) Pappkamerad
b) Papis Pappe
c) Schorsch

23. Was stand auf seiner Heckklappe?

a) Neapel sehen und sterben
b) Fahrer aus Stahl, Auto aus Pappe
c) Die Legende lebt

24. Welchen Test bestand der Trabi 1997?

a) Elchtest
b) Euro NCAP
c) Corona-Test

25. Wie viele Menschen passten beim Rekordversuch 2021 in einen Trabi?

a) 15
b) 9
c) 20

26. Was hat das Trabi-Denkmal in Prag statt der Räder?

a) Flügel
b) Beine
c) Arme

27. Woran erinnert das Denkmal?

a) Massenflucht aus der DDR
b) Ingenieurskunst
c) Exporterfolge

28. Wer gab die vorerst letzte deutsche Trabi-Briefmarke heraus?

a) Deutsche Post der DDR
b) Staatsrat der DDR
c) Bundesministerium der Finanzen

29. Welche Passion hat der weltweit bekannte Trabi-Fan Rolf?

a) Drehorgelspieler
b) Puppenspieler
c) Pokerspieler

30. Wie heißt das Museum auf dem ehemaligen Sachsenring-Gelände?

a) Trabi-Paradies
b) Sachsenring Museum
c) August Horch Museum

Quiz-Lösungen

1 c – 0,5 Liter Hubraum
2 a – Raumfahrt
3 c – Horch und Audi
4 b – Tag der Oktoberrevolution
5 a – Automobilwerk Zwickau
6 a – über 3 Millionen
7 a – Frontantrieb
8 a, b und c sind richtig
9 b – geschäumtes Lenkrad
10 a – Politbüro der SED
11 c – Revolverschaltung
12 b – Wankelmotor
13 a – Skoda
14 a – Himmelbauer Trabant
15 c – Pink
16 c – Es gab keine solchen Streifenwagen
17 b – Elektromotor
18 a – 180 km/h
19 a – Rallye Monte Carlo
20 b – Pension Sachsenruh
21 a – Trabbi goes to Hollywood
22 c – Schorsch
23 a – Neapel sehen und sterben
24 a – Elchtest
25 c – 20
26 b – Beine
27 a – Massenflucht aus der DDR
28 c – Bundesministerium der Finanzen
29 a – Drehorgelspieler
30 c – August Horch Museum

Zitate

„Der Trabant spiegelt schon ein bisschen die DDR wider. Er ist klein und eng.“

Wolfgang Stumph, Schauspieler („Go Trabi Go“), 2007

„Das Politbüro der SED war der Meinung, dass der Trabant für die Bevölkerung ausreichend sei. Wir Entwicklungsleute waren anderer Meinung. Leider konnten wir uns nicht durchsetzen.“

Werner Lang, Chefkonstrukteur des VEB Sachsenring Zwickau, 1997

„Der Trabi hat auf den ersten Blick etwas Sympathisches.“

Thomas Brussig, Schriftsteller („Am kürzeren Ende der Sonnenallee“), 2007

„Seine Leistungsstärke wird Sie überraschen. Die solide Konstruktion des Sachsenring-Kleinwagens garantiert ihm überdies eine lange Lebensdauer.“

Werbeversprechen des Herstellers, 1958

„Den Traum von einem modernen Auto, auch des Ostdeutschen liebstes Kind, konnten sich viele erst nach der Wende erfüllen, weil ein ökonomisch tragbares Konzept aus dem Jahr 1973 durch eine subjektivistische politische Fehlentscheidung verhindert wurde.“

Gerhard Schürer, Chef der Staatlichen Plankommission der DDR, über die nicht verwirklichte Kooperation von Skoda und Sachsenring, 1998